生物活性肽功能与制备

BIOACTIVE PEPTIDES FUNCTION AND PREPARATION

主　编　罗永康
副主编　张恒　洪惠　庄帅

中国轻工业出版社

图书在版编目（CIP）数据

生物活性肽功能与制备 / 罗永康主编 . — 北京：中国轻工业出版社，2023.2

ISBN 978-7-5184-2391-0

Ⅰ . ①生… Ⅱ . ①罗… Ⅲ . ①生物活性 – 肽 – 研究 Ⅳ . ①Q516

中国版本图书馆 CIP 数据核字（2019）第 037515 号

责任编辑：伊双双　罗晓航　　责任终审：张乃柬　　整体设计：锋尚设计
策划编辑：伊双双　　　　　　责任校对：吴大鹏　　责任监印：张　可

出版发行：中国轻工业出版社（北京东长安街6号，邮编：100740）
印　　刷：北京博海升彩色印刷有限公司
经　　销：各地新华书店
版　　次：2023年 2月第1版第3次印刷
开　　本：720 × 1000　1/16　印张：12.75
字　　数：200千字
书　　号：ISBN 978-7-5184-2391-0　定价：68.00元
邮购电话：010-65241695
发行电话：010-85119835　传真：85113293
网　　址：http://www.chlip.com.cn
Email：club@chlip.com.cn
如发现图书残缺请与我社邮购联系调换
230155K1C103ZBW

本书编写人员

主　编　罗永康　中国农业大学

副主编　张　恒　人民国肽集团有限公司

洪　惠　中国农业大学

庄　帅　中国农业大学

编　者　（按姓氏笔画排序）

石　径　中国农业大学

孙小惠　中国农业大学

刘怀高　人民国肽集团有限公司

张长宇　中国农业大学

张宇琪　中国农业大学

陈康妮　中国农业大学

林　君　中国农业大学

单垣恺　中国农业大学

高　嵩　中国农业大学

前言

肽是由氨基酸通过肽键连接而成的聚合物。目前，天然和人工合成的肽类化合物已有上万种之多，其中对人类健康有重要作用的是一类称作生物活性肽的功能化合物。所谓生物活性肽，是指一类对生物机体的生命活动具有生理调节作用的肽，也称功能肽。现代研究表明，生物活性肽功能繁多，可涉及抗氧化与抗炎作用、降压与降血糖功能、免疫调节功能、促进皮肤与骨骼健康以及抗肿瘤功能等多个方面。随着人类健康事业的发展，生物活性肽凭借活性高、毒副作用小、易于吸收、作用特异性强等特点获得广泛关注，已成为科学研究的热点。

近年来，酶法食源性生物活性肽成为肽研究领域的后起之秀。这些生物活性肽原本只是食源性蛋白质中的一段氨基酸序列，之后通过适当的蛋白酶水解，生物活性肽得以从原蛋白质中释放出来。相比于人工合成法和天然提取法制备肽产品，酶法制备食源性生物活性肽具有原料来源广、环境污染小、易于大规模制备等优势。此外，以农产品加工副产物为原料制备高活性的肽产品，也是提高农产品附加值的良好途径。可以说，酶法食源性蛋白肽为生物活性肽研究提供了新的广阔天地，大大促进了活性肽研究和相关产业的发展。此外，生物活性肽还包括天然提取生物活性肽、人工合成活性肽、发酵法生物活性肽等其他多种类型。经过数十年的发展，各类活性肽研究呈现出百花齐放的积极态势。

总体来说，生物活性肽具有来源广泛、制备及分离纯化方法多样、功效复杂的特点，其活性评价方法也让人眼花缭乱。另外，生物活性肽领域发展迅速，初入该领域者难以对其发展现状和趋势有较为全面的把握。因此，本书从生物活性肽最为常见的八大生理功能入手，通过对当今国内外研究的总结，结合作者多年的研究成果，力求使读者对生物活性肽的来源、制备、分离纯化、功能活性及活性评价方法有较为全面的认识。在此基础上，本书也总结了不同生理功能活性肽的研究现状及发展趋势，以期为读者提供借鉴参考。另外，由于酶法食源性蛋白肽是当今生物活性肽研究的主流，因此本书中对酶法食源性蛋白肽的介绍较为详细。

本书共分为九章。内容包括：第一章概述，从多肽的基本结构单位——氨基酸入手，对生物活性肽做了基础介绍，并详细阐述活性肽的制备方法、分离纯化与鉴定，回顾了肽科学的发展历程。从第二章开始，依次聚焦“肽与糖尿病”“肽与抗氧化”“肽与降血压”“肽与皮肤健康”“肽与抗炎症”“肽与抗肿瘤”“肽与免疫健康”和“肽与骨骼健康”等八大主题，详细阐述具备各类功能的生物活性肽的来源、制备与分离纯化方法、构效关系、活性评价方法和产品应用情况等内容，并在此基础上对活性肽的研究现状和发展趋势进行了总结。

本书编写分工为：庄帅、罗永康（第一章），张宇琪、石径（第二章），单垣恺、洪惠（第三章），陈康妮、刘怀高（第四章），高嵩、刘怀高（第五章），张长宇、洪惠（第六章），庄帅、罗永康（第七章），孙小惠、罗永康（第八章），林君、石径（第九章）。全书由罗永康、张恒和洪惠统稿。

由于编写水平有限，书中难免存在不妥之处，敬请读者批评指正。

罗永康

2019年1月

目录

第三章　肽与抗氧化

第四章　肽与降血压

第一章 多肽概述

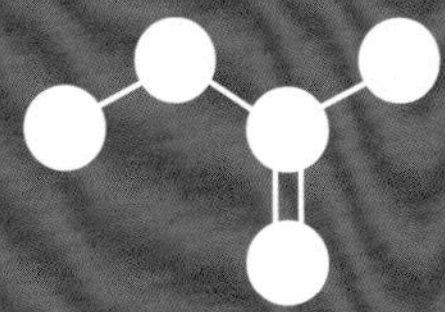

作为一切生命的物质基础，蛋白质在生命活动中起着物质运输、生化反应催化、代谢活动调节等诸多作用。氨基酸是蛋白质的基本组成单位，其重要性不言而喻。近些年来，随着对人类健康研究的深入和物质分离纯化、鉴定技术的进步，介于氨基酸单体与大分子蛋白质之间的多肽的生理功能日益赢得科学界关注。为更好地了解多肽在预防糖尿病与心血管疾病、调节免疫系统、促进皮肤与骨骼健康等方面的生理活性，首先应对肽的概念、结构、理化特性、分类以及研究历程等基础内容有一个全面的了解。

第一节 什么是肽

一、氨基酸

理解肽的概念，应从其基本组成单位氨基酸开始。

（一）氨基酸的结构与分类

简单地说，同时含有氨基和羧基的一类有机化合物都可称作氨基酸。但生物体蛋白质是由其中的20种常见氨基酸和极少数稀有氨基酸（如4-羟基脯氨酸、5-羟基赖氨酸）组成的。组成蛋白质的20种常见氨基酸在结构上都是由一个氨基、一个羧基、一个氢原子和一个可变R基团侧链连接在α碳原子上组成的，其结构通式如图1-1所示。需要注意的是，这20种氨基酸除甘氨酸（甘氨酸R基团为氢原子）外，均为L型氨基酸（其中脯氨酸为L型亚氨基酸）。

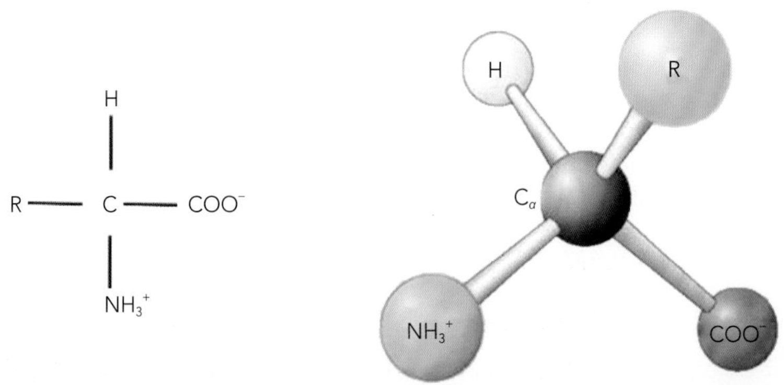

图1-1 氨基酸结构通式

对于氨基酸的分类，可从营养学的角度将其分为必需氨基酸和非必需氨基酸。必需氨基酸是指人体不能合成或合成速度过慢而无法满足机体需要，必须从食物中直接补充的氨基酸，因此饮食中长期缺乏必需氨基酸会影响健康。而非必需氨基酸是指人体可以自身合成，不依赖食物直接供给的氨基酸。20种常见氨基酸从营养学角度的分类详见表1-1。需要特别指出的是，婴儿无法自身合成组氨酸，因此婴儿必需氨基酸比成人多一种（组氨酸）。

表1-1 生物体蛋白质20种常见氨基酸的营养学分类

必需氨基酸	非必需氨基酸
苯丙氨酸、甲硫氨酸、赖氨酸、苏氨酸、色氨酸、亮氨酸、异亮氨酸、缬氨酸	甘氨酸、丙氨酸、酪氨酸、谷氨酸、谷氨酰胺、半胱氨酸、精氨酸、丝氨酸、天冬氨酸、天冬酰胺、脯氨酸、组氨酸

从理化性质的角度，根据氨基酸上R基侧链性质的不同（表1-2），一般可将氨基酸分为R基团为非极性（疏水性）的氨基酸、R基团为极性不带电荷的氨基酸、R基团为极性带负电荷的氨基酸和R基团为极性带正电荷的氨基酸四类。

表1-2 根据R基团性质对20种常见氨基酸的分类

中性氨基酸		R基团极性带电荷的氨基酸	
R基团为非极性（疏水性）的氨基酸	R基团为极性不带电荷的氨基酸	R基团为极性带负电荷的氨基酸（酸性氨基酸）	R基团为极性带正电荷的氨基酸（碱性氨基酸）
丙氨酸Ala 缬氨酸Val 亮氨酸Leu 异亮氨酸Ile 甲硫氨酸Met 脯氨酸Pro 苯丙氨酸Phe 色氨酸Trp	丝氨酸Ser 苏氨酸Thr 酪氨酸Tyr 半胱氨酸Cys 天冬酰胺Asn 谷氨酰胺Gln 甘氨酸Gly	天冬氨酸Asp 谷氨酸Glu	组氨酸His 赖氨酸Lys 精氨酸Arg

（二）氨基酸的理化性质

1. 氨基酸的两性解离与等电点

氨基酸在晶体和水溶液中主要以解离形式存在，分子中的羧基解离带上一个负电荷，而氨基则质子化带上一个正电荷。当氨基酸分子所带正电荷和负电荷等量时，整个分子呈现电中性状态，这种形式称为偶极离子。以偶极离子形式存在于水溶液中的氨基酸，既可以接收质子也可以提供质子，为两性电解质。可见，当溶液pH较低时，氨基酸分子上所有可解离基团均处于接收质子状态，分子整体带正电荷，在电场中向负极移动。随着溶液pH升高，部分基团逐渐解离出质子，而氨基酸分子同时带上正电荷和负电荷。直至溶液处于某一特定pH时，氨基酸所带净电荷为零，分子主要以偶极离子形式存在，在电场中既不向正极也不向负极移动，我们将此时溶液的pH称为该氨基酸的等电点。继续当溶液的pH高于该种氨基酸的等电点时，氨基酸所带净电荷为负，在电场中向正极移动。

在高于或低于氨基酸等电点的溶液中，氨基酸带有负净电荷或正净电荷，由于同种电荷的相互排斥作用，此时的氨基酸溶解度较大。而在pH处于等电点的溶液中，一方面由于同种电荷斥力的消失，另一方面由于分子内部同时带有正电荷和负电荷，易产生分子间的电荷相互作用而靠近，因此氨基酸在pH处于等电点的溶液中容易聚沉，溶解度也最小。当然，不同氨基酸由于其各基团解离常数不同，等电点也各不相同。

2. 氨基酸的光学性质

芳香族氨基酸（Trp、Tyr和Phe）由于侧链基团具有苯环结构，因此可吸收波长250～300nm的近紫外光。另外Trp和Tyr吸收紫外光后还可发射荧光。借助上述特性可对紫外吸收氨基酸进行定量。

3. 茚三酮反应

氨基酸与水合茚三酮水溶液共热，氨基酸氧化脱氨生成游离NH_4^+，同时茚三酮被还原为还原型茚三酮。上步反应中生成的还原型茚三酮、NH_4^+再与一分子茚三酮反应生成蓝紫色复合物，最大吸收波长在570nm。该过程中，脯氨酸、羟脯氨酸与茚三酮反应不释放NH_4^+，反应产物是黄色。利用反应后体系颜色深浅与氨基酸浓度成正比的关系，茚三酮反应可用作对氨基酸的定量检测，或在氨基酸自动分析仪中用于显色后进行定性分析。

4. Sanger反应

弱碱性条件下，氨基酸的*α*-氨基与2，4-二硝基氟苯反应，生成稳定的黄色产物2，4-二硝基苯基氨基酸（DNP-氨基酸），借助纸层析、聚酰胺薄层层析或液相色谱分析等手段可对DNP-氨基酸进行分离鉴定和定量测定。

5. Edman反应

弱碱性条件下，氨基酸的*α*-氨基与苯异硫氰酸酯（PITC）反应生成苯氨基硫甲酰衍生物（PTC-氨基酸）。在硝基甲烷中，PTC-氨基酸与酸作用，迅速生成无色产物PTH-氨基酸。由于PTH-氨基酸在268nm处有最大紫外吸收，因此借助乙酸乙酯提取后可进行定量分析，再辅以层析和色谱技术即可进行氨基酸定性检测。

二、肽与蛋白质

肽键是由一个氨基酸的*α*-氨基与另一个氨基酸的*α*-羧基发生脱水缩合反应形成的酰胺键。肽正是一个个氨基酸通过肽键连接而成的线性聚合体。同样的，肽是蛋白质水解的中间产物，肽键也是蛋白质中氨基酸之间的连接方式。

通常把由少于10个氨基酸分子形成的肽称为寡肽。其中，由两个氨基酸分子形成的肽称为二肽，相应的也就还有三肽、四肽、五肽等。10～50个氨基酸形成的肽一般称为多肽，但实际上寡肽与多肽之间并无明确的氨基酸数目的区分。以含有51个氨基酸残基的胰岛素作为标准，由51个及以上数目氨基酸残基构成的多肽即成为蛋白质；但其实多肽与蛋白质之间也无明确划分标准。

除少数环肽外，直链多肽都有两个末端。将带有游离*α*-氨基的一端称为氨基端或N端；而带有游离*α*-羧基的另一端为羧基端或称作C端。因此，可认为直链多肽具有方向性，规定多肽链的方向为从氨基端到羧基端。

（一）肽与蛋白质的结构

由于肽与蛋白质都是由氨基酸单体通过肽键连接而成的，很多时候可认为肽是蛋白质水解得到的片段，而蛋白质也可被认为是较大的多肽链或多条多肽链的复杂空间聚合体。因此，在讲分子结构时，我们将肽与蛋白质一起说明，不做单独区别。

1. 多肽与蛋白质的一级结构

多肽和蛋白质的一级结构就是指肽链中氨基酸残基的数目和排列顺序。氨基酸残基间的相互位置关系决定了各残基和基团间的一系列作用力，而这些作用力决定了肽链的空间构象。因此，一级结构是多肽和蛋白质分子结构的基础，包含了蛋白质的全部信息，也决定了肽与蛋白复杂多变的生物功能。

2. 多肽与蛋白质的二级结构

在氨基酸残基非侧链基团之间形成的氢键的作用下，肽链主链在一级结构的基础上进行有规律的折叠盘绕而形成的空间构象即为二级结构。需要注意的是，二级结构仅指主链局部的空间排列，不涉及侧链构象。

由多肽主链骨架图（见图1-2）可知，多肽主链共存在C_α—C、C—N、N—C_α三种单键。多肽的二级结构也主要与C_α—C，C—N，N—C_α三种共价键旋转产生的二面角（分别将由C—N键、N—C_α键和C—C_α键旋转产生的空间二面角称为ω角、φ角和ψ角）有关。若三种单键均可自由旋转，则多肽链可产生十分丰富的二级结构。但实际上，由于肽键的共振杂化效应，肽键（C—N单键）具有部分双键性质，无法自由转动。因此，形成肽键的N、C原子以及与其相连的H原子、O原子以及两个C_α原子只能处于同一平面（称为肽平面或肽单位）内，即ω角只能为0°或180°。此外，若肽平面形成两个C_α原子在肽键同一侧的顺式构型，由于C_α原子上连接的R基团相互靠近，空间斥力不利于稳定，因此肽中的肽键一般以反式构型存在，即ω角为180°。固定的ω角，大大限制了多肽二级结构构型的多样性。另外的，N—C_α（φ角）和C_α—C（ψ角）两个单键虽可以自由旋转，但不是任意的φ角和ψ角都是立体化学所允许的，因此，多肽链的二级结构种类更加受到限制。常见的肽链二级结构有α-螺旋、β-折叠、β-转角等。多肽的二级结构对溶解性、吸附性等物理性能及生物活性均有影响。对于具有一定空间结构才能发挥活性的功能多肽，应进行必要的立体化学研究。

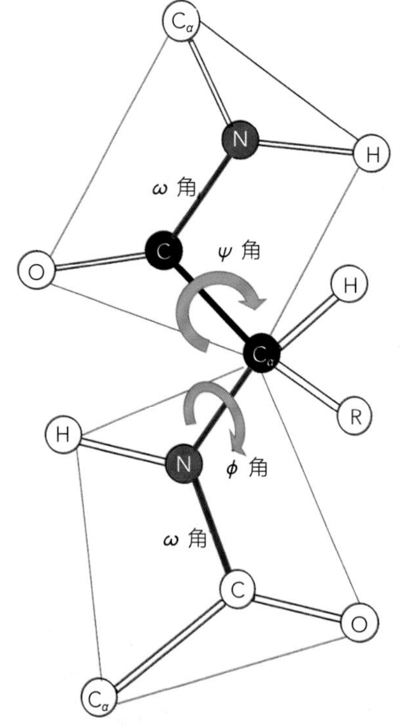

图1-2 多肽主链骨架图与肽平面

资料来源：赵武玲，等。基础生物化学（第二版）[M]，北京：中国农业大学出版社，2013。

3. 超二级结构与结构域

对于氨基酸残基数较少的小肽，无法像构建蛋白质的长肽链那样形成更为复杂的空间结构。因此，从超二级结构开始，我们更多地是针对大肽和蛋白质。超二级结构指由相邻的蛋白质二级结构单元相互接近，组合在一起形成的有规律的二级结构聚集体。超二级结构常见的有$\alpha\alpha$、$\beta\beta$、$\beta\alpha\beta$三种组合形式。

在较大的球形蛋白质分子或亚基中，多肽链表现为由两个以上的相对独立的三维实体缔合而成的三维结构。这种相对独立的，在空间上能够辨识的三维实体称为蛋白质的结构域。有些蛋白质不同的结构域具有相对独立的功能，有些蛋白质的功能则可以位于多个结构域的间隙中，由多个结构域共同形成。

4. 蛋白质的三级结构

蛋白质的三级结构是指在二级、超二级结构乃至结构域的基础上，通过侧链基团的相互作用，多肽链进一步折叠卷曲形成的复杂球状分子结构。维系三级结构的作用力主要是次级键和非共价键，包括离子键、氢键、范德华力、疏水相互作用，而共价键如二硫键和配位键处于次要地位。

5. 蛋白质的四级结构

蛋白质的四级结构是指具有特定三级结构的多肽链（亚基）通过非共价键缔合形成的大分子组合体系。与维系三级结构的力不同，维系四级结构的作用力中无二硫键和配位键等共价键。

（二）肽的理化性质

由于肽是由许多氨基酸残基通过酰胺键连接而成的，因此其一方面继承了许多氨基酸特有的理化性质（如两性与等电点、特有颜色反应等），另一方面多肽的许多性质也受到构成它的氨基酸残基的数目、种类和排列位置的影响。

1. 多肽的两性解离和等电点

类似于氨基酸，多肽在水溶液中是以两性离子的形式存在的。首先，肽键本身作为一种酰胺键，在不同酸碱度的水溶液中，均表现出较高的稳定性，使得肽键中亚氨基无法解离出氢离子。因此，肽的酸碱性主要取决于肽链两端的游离氨基和羧基以及各氨基酸残基R基上的可解离基团。可以想象，当溶液pH较低时，多肽链中大量可解离基团（两端的游离氨基、羧基和可解离R侧链基团）质子化，多肽链整体带净电荷为正，为阳离子形式，电泳中移向负极；当溶液pH较高时，大量可解离基团纷纷解离出质子使肽链本身带净电荷为负，为阴离子形式，在电泳中移向正极；而当溶液pH达到中间某一特定值时，多肽所带正负电荷数目相等，净电荷为零，多肽失去电泳特性。此时的溶液pH即为多肽的等电点（pI）。不同氨基酸的等电点不同，因此不同多肽由于所含氨基酸的数目和种类不同，其等电点也各异。由于酸性氨基酸倾向于最先解离出R基团中的氢，等电点较低，因此含酸性氨基酸较多的多肽等电点也较低；含碱性氨基酸较多的多肽与之相反。和氨基酸道理类似，多肽在其等电点pH的环境中溶解度最小，易于聚沉，因此可借助等电点进行多肽的分离。

2. 多肽和蛋白质的光学性质

凭借芳香族氨基酸（Trp、Tyr和Phe）在近紫外区的光吸收特性和荧光特性，可对含有特定数量芳香族氨基酸的多肽和蛋白质进行定量检测。另外，由于氨基酸所处环境的极性影响它们的紫外吸收和荧光性质，因此可以通过测定氨基酸光学性质的变化来考察多肽和蛋白质的构象变化。

3. 多肽和蛋白质的颜色反应

由于直链多肽含有游离α-氨基，因此直链多肽也可发生茚三酮反应、Sanger反应和Edman反应。由此，一方面可以借助上述反应做多肽的定量；另一方面可进行多肽及蛋白质的N末端氨基酸鉴定甚至序列分析。

4. 双缩脲反应

双缩脲能够与碱性硫酸铜反应产生蓝色络合物，该反应称为双缩脲反应。由于肽键具有与双缩脲类似的结构，因此也可发生双缩脲反应生成紫红色或紫蓝色络合物。需要注意的是，游离氨基酸由于没有肽键，不存在该反应，因此双缩脲反应唯多肽和蛋白质特有，可借助光度法测定肽含量。

5. 酸碱性

表1-2根据R侧链性质的不同，将氨基酸分为中性氨基酸、酸性氨基酸和碱性氨基酸。当多肽中含碱性氨基酸（即Lys、Arg、His）残基多于酸性氨基酸（即Asp和Glu）残基时，该多肽为碱性多肽；相反，则为酸性多肽。

6. 水溶性

多数多肽分子由于含有许多氨基酸的亲水侧链基团，如羟基、羧基、酰胺基等，因此水溶性较好。当然也有少数多肽由于含疏水性氨基酸过多，或亲水基团被包围于多肽空间结构内部而疏水性较强，水溶性较差。由于羟基、氨基、羧基、酰胺基具有较强的亲水性，而烃基碳链疏水。因此，具有亲水基团，而碳链又不至太长的氨基酸如Ser、Asn、Asp和Glu水溶性较好，它们的存在也有利于肽的亲水性。

第二节　生物活性肽及其分类与功能

自然界中已存在和人工合成的肽类有成千上万种之多。其中，对人类健康有重要作用和研究价值的是一类称作生物活性肽的功能化合物。所谓生物活性肽，就是指对生物机体的生命活动有益或是具有生理调节作用的肽类化合物，也称功能肽。生物活性肽的结构丰富多样，它们既可以是只有两个氨基酸构成的二肽，也可以是较多氨基酸残基连接而成的线状或环状多肽，而且很多肽的氨基酸残基还经过糖苷化、酰化、磷酸化等衍生。

诸多研究证明，寡肽类物质在肠道有多种吸收途径，如图1-3所示。部分小肽在小肠被吸收后，经侧基底膜载体的介导进入细胞间质及血液循环；一些小肽被吸收后可直接进入血液。部分分子质量较大的多肽也能以完整的形式经跨细胞膜途径、旁细胞膜途径、肽载体等被肠道吸收并在人体内产生生物学效应。现代生物医学的发展为口服生物

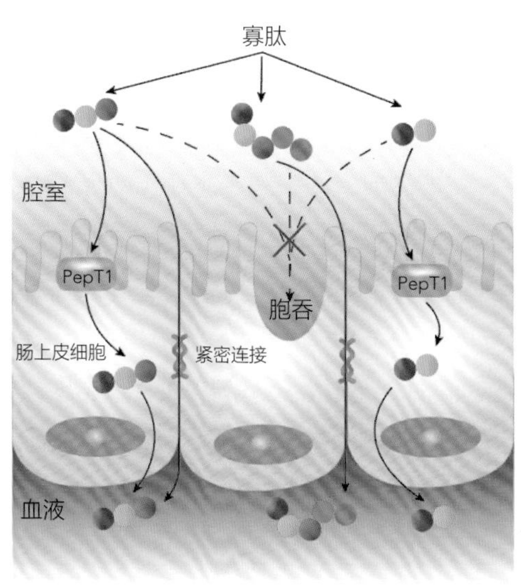

图1-3　肠道中寡肽的吸收途径与过程示意图

活性肽类药物或功能食品的有效性提供了理论支持。随着人们对健康的日益关注，科学界掀起了对生物活性肽制备、分离提取和生理功能的研究热潮。

一、生物活性肽的分类

生物活性多肽按照来源可分为天然生物活性肽与人工合成生物活性肽两类，而天然生物活性肽又可分为内源性生物活性肽和外源性生物活性肽。下面，对各类生物活性肽做具体描述。

（一）天然生物活性肽

天然生物活性肽是指由生物体自身合成的具有特定生理功能的肽，或利用酶解、发酵等方法从天然多肽蛋白质中制得的具有一定生理功能的肽片段。

1. 内源性生物活性肽

内源性生物活性肽是指人体自身的组织器官产生的对人体具有生理调节作用的肽类物质，涉及人体激素、神经、细胞生长和生殖各个领域。常见的例如内分泌腺分泌的肽类激素（促甲状腺激素、生长激素释放激素等），作为神经递质或神经活动调节因子的神经多肽，血液中的α-球蛋白经专一的蛋白酶作用后释放的组织激肽（缓激肽、血管紧张素等）。此外，一些酶的激活因子也是多肽。

2. 外源性生物活性肽

与内源性生物活性肽相对应，外源性生物活性肽并非人体自身产生，要通过口服等方式摄入人体方可发挥生理功能。依据制备方式，外源性生物活性肽可分为天然提取活性肽、蛋白质转化活性肽两类。天然提取活性肽是指由于动物、植物和微生物代谢而天然产生于其体内，经过特殊提取分离工艺即可直接得到的一类生物活性肽。特别是从微生物中提取的活性肽，往往具有抗菌和抗癌活性，现已发现200多种微生物源肽类抗生素。但是，从天然生物体内直接提取也面临活性肽含量低、提取分离工艺复杂、成本高等缺点，特别是某些生物原料（海洋生物等）较为稀缺，难以实现产业化。蛋白质转化活性肽是指利用动物、植物、微生物等组织中的蛋白质，通过胃蛋白酶、胰蛋白酶、碱性蛋白酶等进行酶解或酸解，或者利用微生物发酵产酶直接进行酶解，而获得蛋白质水解片段，经分离纯化而制得的一类活性肽。常见水解原料包括乳、畜产、水产、大豆等。蛋白质转化活性肽原料广泛易得，很多可利用皮、骨、内脏等加工废弃物，肽的得率产量也较高。这些优点，使其成为生物活性肽研究的热点，其中不少功能肽也已实现产业化。

依据肽的原料来源，外源性生物活性肽又可分为动物源、植物源、微生物源活性肽等。值得注意的是，这里的动物源活性肽既包括从天然动物组织中直接提取得到的天然提取活性肽，也包括水解动物源蛋白质方式获得的蛋白质转化活性肽。同理，植物源、微生物源等来源的活性肽也包括天然提取和蛋白质转化两类。也就是说，按照制备方式分类和按照原料分类，两种分类方式有相互交叉。在生物活性肽的众多来源中，水生生物凭借资源丰富、生理结构与生理过程与陆生生物差别较大的特点，成为外源性生物活性肽资源的宝库。目前研究的水生生物活性肽，原料涉及肌肉、各种内脏、皮肤鳞片、骨骼等各方面，发现了一系列具有抗氧化、降血压、抗肿瘤等生理功能的活性肽。

（二）人工合成生物活性肽

人工合成活性肽主要包括化学合成和DNA重组技术两种方法生产的多肽。化学合成法简单可理解为一个按顺序连接氨基酸的过程，因此，它要求事先知道目标肽的氨基酸序列。其发展主要受到反应副产物过多、环境不友好、产率过低、反应底物和试剂价格过高等缺点的制约。由于成本较高，该方法一般多用于合成短链肽和实验室研究。DNA重组技术即利用基因工程的方法，将待合成的目标肽的遗传密码（基因）导入宿主细胞基因组中，借助宿主的遗传和表达系统不断合成目标肽分子。因此，该方法也要求事先知晓待合成目标肽的一级结构。DNA重组技术在方法建立过程中十分复杂，优点是一旦方法建立，便可借助微生物发酵廉价底物，通过发酵工程大量生产活性肽药物等产品。

二、生物活性肽的功能与结构特征

根据菲茨杰拉德和莫里的解释，生物活性肽是一类具有药物或激素类似活性的肽，它们通过与会产生生理回应的靶细胞上的特定受体作用，来调节机体生理功能。现在研究与开发较多的生物活性肽的功能活性包括降血压、自由基清除与抗氧化、抗血栓、抗炎、降胆固醇、有益于控制糖尿病、免疫调节、结合矿物质元素并促进吸收利用和促进皮肤健康等。现今，除了实验室对肽功能活性的研究，市场上已出现大量活性肽类产品，也有许多产品正在被功能食品相关企业开发。活性肽的各方面功能活性将在下面各章节中依次做重点介绍，这里不再进行过多赘述。

大量研究证明，不同生理功能的活性肽，往往在其氨基酸组成等方面具有规律性特征。首先，肽的氨基酸组成和排列顺序一般是影响肽活性最重要的方面。以抗氧化肽为例，酪氨酸、色氨酸、半胱氨酸、组氨酸和甘氨酸的存在有助于肽的抗氧化活性。原因是芳香族氨基酸和半胱氨酸的巯基一般被认为可作为反应中自由基淬灭的供氢体；组氨酸的咪唑基团也显示有质子供体的特性；而甘氨酸的H原子侧链基团也是自由基的潜在攻击位点。另外，在分子质量方面，往往一般分子质量在1000u以下的小肽具有较高的生物活性。随着分子质量增加，肽的活性呈递减趋势。再加上大分子肽在人体消化中极易被酶解破坏，且完整大肽难以被吸收利用，因此大分子肽的功能价值一般不高。当然，肽过小也难以具有高效的活性。具体到实际情况中，以现今研究最广泛的酶解法制备肽为例，决定其水解产物肽的分子质量大小的主要因素是水解时间和水解度。很多情况下，随着水解时间的延长，蛋白质和多肽被不断分解为更小的小肽分子，抗氧化等活性显著上升。当然，随着水解时间的不断延长，小肽又被继续分解为更小的肽或氨基酸，因而活性不再上升甚至逐步减弱。这就要求我们在实验和生产中注意控制最佳水解度。

第三节　生物活性肽的制备、分离纯化与鉴定

一、生物活性肽的制备

当前应用较为广泛的活性肽制备方法主要包括两种。一是利用酶解或发酵把原料中的蛋白质水解产生生物活性肽，即蛋白质转化活性肽；二是对于已知氨基酸序列的活性肽，还可采用化学合成法和DNA重组技术等，即生产人工合成生物活性肽。另外，还有直接分离提取法和酸碱解等方法，只是由于各方面限制实际应用较少。

（一）酶解法

酶法水解全蛋白质分子是生产生物活性肽的最常见方法，即通过合适的蛋白酶酶促水解蛋白中的肽键，从而使大的蛋白质分子水解为小片段肽和氨基酸。酶法生产活性肽具有许多优点：酶解过程和结果的可控性与可重现性强；酶解蛋白质条件温和、安全性高；酶解反应没有副反应并且不会降低蛋白质的营养价值。以上优点均为其标准化生产奠定了基础。当然，酶法多肽在调节水解pH的过程中，酸或碱的添加会引入无机盐，增加了分离纯化的难度。酶解法制备活性肽的基本流程如图1-4所示。

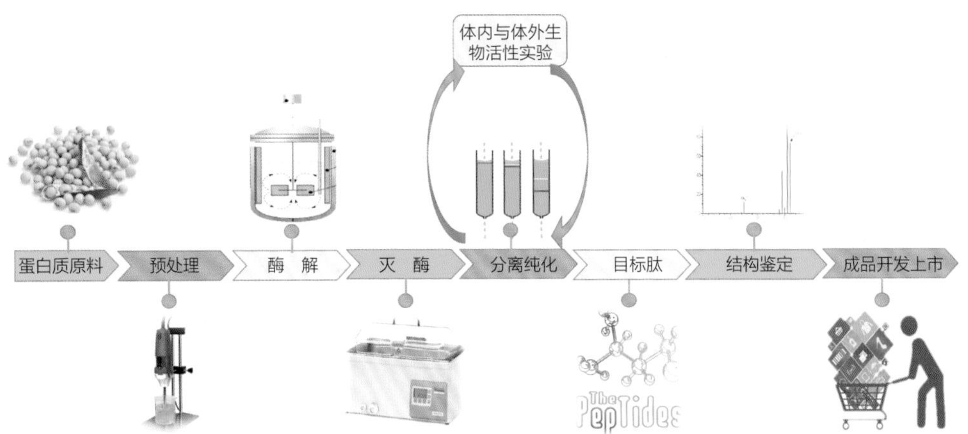

图1-4 活性肽的酶法制备与功能评价流程

首先，对于蛋白质原料的选择，应尽量做到原料中蛋白质含量较高和原料来源丰富、成本低两点要求。特别是利用某些食品加工副产物进行生产的酶法活性肽，具有更高的商业利用价值。经过几十年的研究，酶解法生产活性肽的原料品种十分丰富，既包括动物原料如鱼肉蛋白、鸡蛋蛋白、酪蛋白、骨胶原蛋白和乳清蛋白等，也包括许多植物原料如大豆蛋白、小麦蛋白等。目前，以乳和水产品为原料的酶解产物展现出了丰富的功能活性，正成为研究和应用热点。

蛋白质的预处理主要包括热处理、超声处理、高压均质和超微粉碎等操作，其目的主要是为了提高酶对蛋白质的敏感性。例如高压均质和超微粉碎有利于增大原料总表面积，从而使之与酶有更多的接触位点，缩短酶解时间、提高水解度。而热处理除了杀灭原料中原有微生物和组织自身的蛋白酶，防止微生物产生的酶和组织自身蛋白酶干扰正常水解外，还可以使蛋白质变性、结构松散，以便使蛋白质内部结构和酶接触。

酶法生产活性肽，蛋白酶是水解蛋白质的关键。现在商业化应用的酶按来源分为微生物源蛋白酶（如碱性蛋白酶、中性蛋白酶和风味酶）、动物源蛋白酶（如胃蛋白酶和胰蛋白酶）以及植物源蛋白酶（如菠萝蛋白酶和木瓜蛋白酶）三类。许多酶的切割位点具有特异性，表1-3列举了蛋白质水解中常见几种内切酶的特异性切割位点，还有一些蛋白酶如一些微生物来源的蛋白酶不具有特异性。针对不同的底物，现多采用具有特异性的蛋白酶和非特异性的各类蛋白酶复配混合进行酶解。因为酶的复配往往具有协同增效作用，不仅有利于缩短酶解时间，提高水解度，还能获得具有较好分子质量组成和分布的酶解物。需要注意的是，水解产物的情况除了受所用酶的影响外，还受酶浓度、酶解时间、酶解温度、环境pH和底物浓度这五个独立因素的影响，为了使酶解过程可控并增强结果的可重现性，务必控制好以上五个独立变量。

表1-3 酶解法生产生物活性肽常用动物源内切酶切割位点

蛋白酶	断裂点	作用于断裂点残基的羧基（C）侧或氨基（N）侧
胰蛋白酶	Arg或Lys	C
胰凝乳蛋白酶	Phe、Trp或Tyr	C
胃蛋白酶	Phe、Trp或Tyr	N

资料来源：赵武玲，等。基础生物化学（第二版）[M]，北京：中国农业大学出版社，2013。

此外，为提高酶解效率，微波、超声波、红外、磁性颗粒固定化酶等技术也有应用。以超声波辅助酶解为例，其主要作用在于通过产生的挤压、剪切等机械作用破坏蛋白质结构并打开亲水基团。结构打开的蛋白质更容易被酶结合，同时超声也加速了反应体系组分的充分混合，因而超声有助于酶解效率的提高。当然，超声辅助酶解往往比传统摇床酶解用酶量更少，节约成本。

蛋白质原料酶解完成后的产物是一个十分复杂的混合物，其中可能含有单体氨基酸、氨基酸组成及活性强弱各异的肽段甚至未能完全水解的组分。为获得纯度较高的活性肽组分以供进一步研究或使用，需要对酶解产物进行分离纯化。酶解产物的精制与分离纯化将在后面内容中做详细介绍。

（二）发酵法

微生物发酵法产生活性肽不需要微生物蛋白酶的提取纯化，而是将微生物接种在原料上后，直接利用微生物在生长过程中产生的各种酶类生产活性肽。相比于酶法，微生物发酵法产生的活性肽可通过食用发酵食品的方式直接摄入，此法具有较高安全性的同时也省去了酶法多肽生产中分离纯化等下游技术，使成本降低。此外，酶法生产多肽往往易产生由大量疏水性氨基酸构成的苦味肽，影响口感，发酵法就不存在这个问题。

现今，在国外发酵法被应用于生产生物活性肽，主要和乳制品的生产有关。以乳制品生产最常用的微生物——乳酸菌为例，其蛋白质水解系统就非常复杂且包含三种主要成分：附着于细胞壁上能够促使牛乳中酪蛋白初步水解成寡肽的蛋白酶；能够转运寡肽到细胞质的特殊转运蛋白；细胞内能够把寡肽进一步水解为游离氨基酸或小肽的肽酶。自身产生蛋白质水解酶的能力，使得类似乳酸菌的这些发酵微生物们成为了生物活性肽的潜在生产者，而活性肽也在发酵食品制造过程中被释放到食物里。很多微生物，像保加利亚乳杆菌、嗜热链球菌、干酪乳杆菌、双歧杆菌等都被大量报道有极强的蛋白酶生产能力，能够产生生物活性肽并在发酵过程中被逐渐释放出来。乳制品通过发酵生产这些生物活性肽类物质的情况已经非常普遍，同样豆类、大米和小麦的发酵制品也具有许多生物活性肽。除了细菌，米曲霉等丝状真菌在发酵食品的生产中都有很长的安全使用传统，在它们发酵的传统食品中也检测到了抗氧化肽、降血压肽等生物活性肽。

当然，发酵法生产的生物活性肽并不仅仅存在于发酵食品生产中。很多食品工业加工副产物（如豆饼、花生饼）都是优质高蛋白的来源，可作为发酵法生产活性肽的原料，实现副产物有效利用。例如液态发酵制备花生抗氧化肽，以大豆和牛乳为原料发酵制备降血压肽。与商业蛋白酶制备生物活性肽相比，发酵法利用微生物产酶所得酶系种类更丰富，且在价格上有一定优势，因此发酵法制备生物活性肽有一定发展空间。

（三）化学合成法和DNA重组法

这两种方法由于之前在第二节中已作简要介绍，这里不再重点讲解。

（四）化学水解法（酸碱水解法）

蛋白质的化学水解法是通过酸或碱催化肽键水解断裂来制备活性肽的方法。在过去，该方法由于价格便宜和方法简单的优点一度广泛应用于工业中来水解蛋白质。但是，化学水解有致命缺点：首先是反应过程很难被控制，易于导致氨基酸变性等，因此该法生产的多肽分子质量分布和氨基酸组成不稳定，功能活性也就无法保证。若要保证较为精确地控制反应过程，则技术要求和成本大大增加。第二，中和酸碱水解完成后剩余的酸碱会产生大量无机盐，因而在实验和生产中后续脱盐工作十分复杂。第三，化学水解法比如酸水解往往对设备要求高、投资大。同时，大量酸碱的使用也不符合环境友好的原则。总的来说，化学水解虽能轻易造成大量肽键的断裂并获取高产量多肽，但该项技术由于难以控制、不够安全和环保的原因，一般较少用于活性肽的产业化生产。

（五）肽与蛋白质的直接提取

肽与蛋白质的直接提取即通过特殊提取分离工艺，直接提取得到天然存在于动植物和微生物的活性肽的方法。为改善提取速度和效率，微波辅助提取在过去十年一直成功应用于从各类天然生物基质中提取生物活性物质，其使用的电磁波频率一般在300MHz到300GHz之间。微波辅助提取的原理在于通过分子内和分子间的摩擦，以及大量带电离子的运动碰撞，促使反应体系温度骤升，并最终导致细胞壁与生物膜系统的破损瓦解。因此，微波辅助提取技术特别适用于从带有细胞壁组织（如藻类组织）中提取活性肽类。另外，该技术也可辅助用于蛋白质的酸水解。除了微波，超声波也在肽类提取上被广泛应用。在进行提取时，多使用低频率（16～100kHz）高能量（10～1000W/cm^2）超声波。其原理是借助超声波产生的微孔颗粒中空泡破裂、微射流形成、微湍流、高速度的粒子碰撞和微扰等效应，以提高提取率。由于提取率的提高，微波和超声辅助提取均有助于节省溶剂用量，因此二者都是相对便宜且环保的。

二、生物活性肽的分离纯化

在多肽研究中，某种多肽的纯度对其物化性质、生物活性的研究和结构鉴定影响很大。此外，对于市场上多肽类药物和保健品，一个较高的纯度也是保证效果和安全性的必要条件。与此同时，提取或制备活性肽的天然物质或人工处理产物（如酶水解液）成分却相当复杂。例如，酶解蛋白质生产多肽的酶解液中既有未水解完全的蛋白质，有不同分子质量和氨基酸组成的肽，也有大量氨基酸分子和无机盐。相比之下，无论是实验室研究还是商业化生产，多肽物质的分离纯化就显得格外重要了。由于生产活性肽的原料、方法，制备的肽的性质和其所处的杂质环境不同，务必根据各种分离纯化方法的原理和特点选择适宜的方法进行纯化，以求达到最好的效果。

常用的分离纯化方法包括膜分离（超滤、纳滤等）、色谱或层析技术（离子交换色谱、体积排阻色谱、亲和色谱和反向液相色谱等）、电泳技术等。下面将逐一进行简单介绍。

（一）膜分离技术

近些年来，许多研究者将膜分离作为多肽纯化的第一步。所谓膜分离，就是一种以滤膜为分离介质，以膜两侧的压力差为推动力，利用不同孔径的膜对混合物料进行分子质量截留筛分的物理分离过程。根据滤膜孔径和可截留物质分子质量大小的不同，膜分离技术可分为超滤、纳滤等不同类型。超滤根据选择的膜的孔径和性质不同，一般可截留分子质量1～500ku的化合物。而现在所研究的活性肽多由3～20个氨基酸残基组成，远小于较大的蛋白质分子。因此，通过选用较大截留分子质量的超滤膜，便可将大肽和未水解完全的蛋白质分子截留除去。接着，根据所分离目标肽的分子质量区段，可在截留分子质量1～10ku的超滤膜中选择合适的膜进行肽的进一步分离。而纳滤膜的孔径更小，一般在1～10nm，截留分子质量为200～1000u。很多纳滤膜的截留分子质量足够小，能够实现盐分的透过和肽的截留，因此常用于肽的浓缩和脱盐。

膜过滤的优点是一般在常温下进行，且过滤过程中不进行化学反应。相比色谱技术，膜过滤也更适合进行物质的大量分离。然而，膜分离由于选择性不高，因此受到脱盐的限制。此外，膜分离最大的问题在于膜的污染和堵塞，这会大大缩短膜的使用寿命。改进膜的结构和性能，研制具有低污染性和高选择性的新型膜材料将会大大促进膜分离技术的发展。

（二）离子交换色谱

离子交换色谱是利用离子交换剂上的可交换离子与周围介质中被分离的各种离子的亲和力不同，经过交换平衡达到分离目的的一种柱层析法。其具体工作原理（图1-5）为：离子交换剂上带有许多可电离基团，可与不同带电粒子静电结合。由肽的理化性质可知，当溶液pH高于肽的等电点时，肽分子带负电荷。将含肽溶液注入色谱柱，带有正电荷的交换剂（阴离子交换剂）便可结合带有阴离子的多肽，从而将多肽保留在色谱柱上。之后通过洗脱液盐浓度梯度洗脱或pH梯度洗脱，从而改变交换剂与肽的静电作用状态，洗脱吸附在柱子上的多肽。在洗脱过程中，与交换剂结合较弱的肽先被洗脱下来，与交换剂结合较强的肽后被洗脱下来，由于各种肽分子和其他杂质的净电荷不同，与交换剂基质的结合力强弱不同，因此便可通过适宜的洗脱方法来实现肽与杂质和肽与肽的分离。

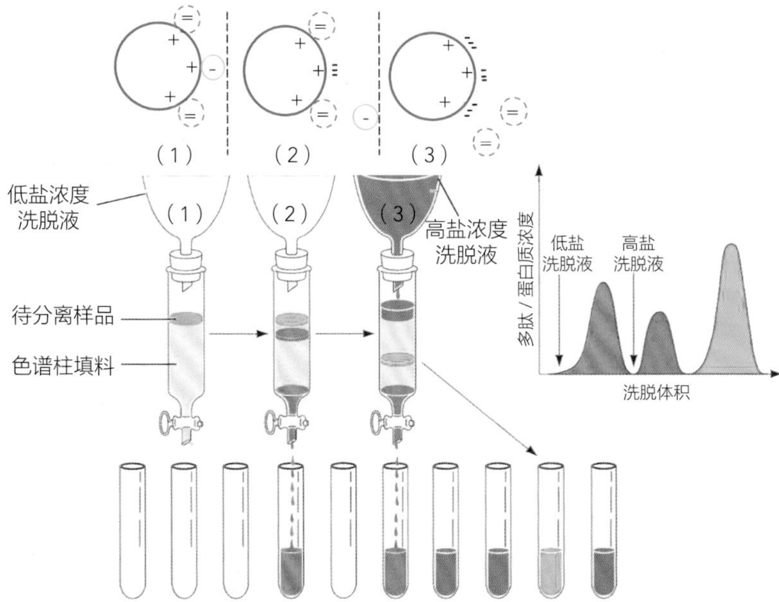

图1-5　**离子交换色谱分离肽与蛋白质**

（1）样品全部结合到离子交换剂上；（2）带负电荷较少的分子用较稀的Cl⁻或其他负离子盐溶液即可洗脱；（3）增加洗脱液盐浓度，电荷多的分子随Cl⁻浓度的增加依次洗脱

资料来源：谷歌图片搜索（ion exchange chromatography）。

当溶液pH低于肽或蛋白质等电点时，肽分子则带正电荷，因此离子交换技术可以用带负电荷的交换剂（阳离子交换剂）作为吸附材料。根据待分离物、样品成分和要求的分离能力的不同，可选择的离子交换剂很多，主要为人工合成的多聚物如离子交换树脂或离子交换纤维素。在现实应用中，离子交换色谱最大的优点是它可与质量分离技术互为补充，从而大大节省时间，提高分离准确度。然而，离子交换色谱昂贵、复杂，不太适于分离对pH、金属离子等因素敏感的生物分子。

（三）凝胶过滤层析

凝胶过滤层析，又名体积排阻色谱，其分离原理是利用具有网状结构的凝胶颗粒作为分子筛，根据被分离物质的分子质量大小来进行分离（图1-6）。在分离过程中，小分子能够钻入凝胶颗粒的孔洞中，因而在洗脱过程中所走路程较长。相反，大分子则被排除在凝胶颗粒外部，洗脱时能够较快流出。洗脱过程中，当含有多肽的混合溶液经过一定长度的凝胶过滤层析时，不同多肽分子与杂质则会按分子质量不同而分离。根据洗脱体积与蛋白质或肽分子质量的对数呈反比的规律，该方法也可用于测定蛋白质分子质量。

与离子交换色谱不同的是，凝胶过滤层析中待分离物质不与色谱基质结合。因此，洗脱缓冲液的成分一般不直接影响分离。可见，凝胶过滤层析技术的显著优势就是洗脱条件可视样品类型和后续的纯化、分析、贮存而定，且不太会影响分离效果。相比离子交换，凝胶过滤层析更适于分离对pH、金属离子等因素敏感的生物分子。而且它可直接在离子交换色谱后使用，因为缓冲液组分不太会影响凝胶层析的最终分离。另外，凝胶过滤还具有高选择性和高分辨率的优点。凝胶过滤层析的不足之处表现在上样量远不及膜过滤技术，样品收集耗费时间等方面。另外，其分辨率也受粒子大小和均匀度、床高、样品进样体积和洗脱液流速等因素的影响。

（四）亲和色谱

亲和色谱是利用生物大分子与配体可逆地专一性结合的原理进行的色谱分离技术。这种专一性的可逆结合包括酶与底物、受体与配体、抗体与抗原等的结合。与待分离物结合的配体既有天然的，也有根据待分离物的结构人工合成的。亲和色谱分离纯化多肽的原理如图1-7所示。

多肽混合液通过连接有配体的基质时，只有能与配体专一性结合的肽分子被保留在基质上，其他肽和杂质因不能与配体结合而直接流出色谱柱。最后选用适当的洗脱液，改变结合条件将目标肽洗脱下来即可。亲和色谱技术具有极高的特异性，理论上可实现一步分离纯化制得所需多肽的目的。但是由于配体的选择或制备需要事先对待分离肽的结构特性等有充分了解，因此限制了它的使用。

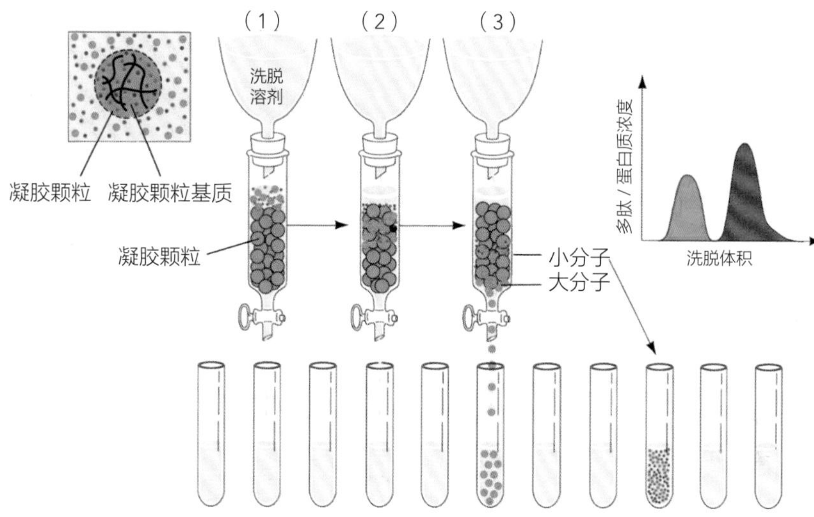

图1-6　凝胶过滤层析分离肽与蛋白质

（1）样品注入凝胶柱；（2）洗脱过程中小分子进入凝胶微孔，大分子无法进入微孔，只在凝胶颗粒间隙中运动，运动路程比小分子短；（3）故大分子移动较快，先于小分子洗脱出来

资料来源：谷歌图片搜索（size exclusion chromatography principle）。

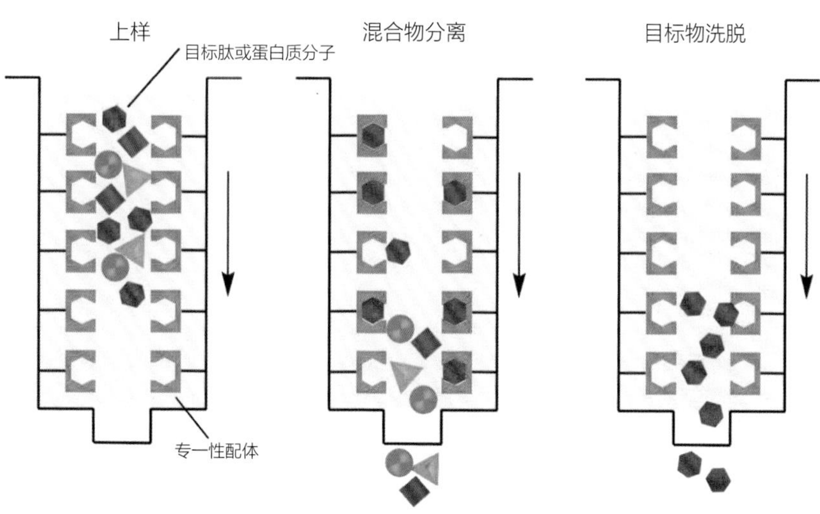

图1-7　亲和色谱法分离纯化肽与蛋白质

资料来源：谷歌图片搜索（affinity chromatography）。

（五）反向高效液相色谱技术

反向高效液相色谱（RP-HPLC）是以表面非极性载体为固定相，以比固定相极性强的溶剂为流动相的一种液相色谱分离模式，它是基于样品中不同组分和分离基质疏水基团间疏水作用的强弱不同而分离的。该项技术的主要优点包括使用简便、高分辨性和高敏感性，而且相比凝胶过滤层析和离子交换层析大大缩短了分离所需时间。和其他高效液相色谱一样，该技术也存在诸如色谱柱昂贵，洗脱溶剂为有机试剂、容易污染环境等缺点。

（六）电泳技术

电泳技术可用来分离和鉴定蛋白质与多肽。常见的电泳技术包括聚丙烯酰胺凝胶电泳（Wative-PAGE）、十二烷基硫酸钠-聚丙烯酰胺凝胶电泳（SDS-PAGE）、等电聚焦电泳、蛋白质双向电泳等。这些电泳方法各有特点与适用范围。例如，等电聚焦电泳就是根据样品等电点不同而使它们在pH梯度中相互分离的一种电泳技术。双向电泳由于进行了两次方向互相垂直的电泳，因而具有极高的分辨率。而在传统电泳技术的基础上，新发展起来的毛细管电泳由于分离速度快、用样量极少等优点广受欢迎。一般来说，电泳技术进样量很少，这限制了其在多肽分离纯化中的应用。

（七）其他

除以上介绍，还有超速离心等其他应用于多肽分离纯化中的技术方法，不再一一介绍。

三、生物活性肽的鉴定方法

（一）质谱分析

目前，质谱分析主要用于测定蛋白质和多肽的一级结构包括分子质量、氨基酸排列顺序以及肽链中二硫键的位置和数目。现代研究中，经过液相色谱分离后进入串联质谱系统进行检测已成为鉴定多肽序列的标准方法，并开创了蛋白质和多肽结构解析的新纪元。尽管液质串联技术具有准确性高、普适性好的优点，但也比较昂贵和耗费时间。现今发展迅速并较成功地应用于生物大分子质谱分析的主要是一些软电离技术，比如电喷雾离子化技术、连续流快原子轰击技术和基质辅助激光解析离子化技术等。应用这些软电离技术的质谱各有特点。例如，快速原子轰击质谱克服了传统质谱中样品必须加热气化的限制，而且在测序过程中具有用量少、方便快速、适合小分子多肽检测的优点。电喷雾离子化质谱适用于强极性、稳定性差、分子质量较大的样品分析，在测定过程中样品以溶液的形式导入，使得它可以与具有高分离效能的反相高效液相色谱（RP-HPLC）直接联用，可以在线检测出HPLC上分离出的每一个肽段的分子质量。特别是基质辅助激光解析-电离飞行时间质谱具有操作简单、快速、谱图直观、能耐受一定浓度的盐和去垢剂等特点，在准确测定样品分子质量的同时还可测定其序列结构，目前其已成为蛋白水解物及其半纯化组分的重要分析方法。

（二）其他技术

除上述方法之外，核磁共振、蒸发光散射检测、氨基酸序列分析、紫外可见吸收光谱、圆二色光谱、生物鉴定法及免疫学方法都已在多肽和蛋白质的序列及空间结构分析中有所应用。

四、肽的分离纯化与鉴定技术发展趋势

目前，多肽的分离纯化及结构序列分析的趋势是将多种分离鉴定方法联合使用，逐级分离，使之优势互补，从而使结果更加准确可靠。如肽的分离纯化中将超滤、凝胶滤过、反相高效液相色谱等手段依次用于多肽的分离，再如肽的鉴定中往往将液相色谱与质谱联用，从而先将混合物进行一定程度的分离，之后再用质谱检测器进行检测，使色谱与质谱的优势结合。

第四节　肽的研究历程与发展现状

一、肽的研究历程

一百多年来，人类经历了从肽的发现到结构、功能的研究；从初步分离制备到产业化应用的过程。以下是肽研究历程中具有里程碑意义的重要节点。

1902年，伦敦医学院生理学家贝里斯和斯塔林因发现促胰液素而被授予诺贝尔生理学奖，促胰液素是人类发现的第一种多肽类物质。

1931年，一种命名为P物质的多肽被发现，它能兴奋平滑肌并能舒张血管而降低血压。科学家们从此开始关注多肽类物质对神经系统的影响，并把这类物质称为神经肽。

1952年，丹麦生物学家Linderstrom-Lang第一次提出蛋白质的结构有不同层次的概念，他的观点使蛋白质结构研究走上了正确的道路。

1952年，在将肉瘤植入小鼠胚胎的实验中，美国生物化学家坦利 · 库恩发现小鼠交感神经纤维生长加快、神经节明显增大。该现象于1960年被证明是一种多肽类物质在起作用，并将此多肽物质命名为神经生长因子（NGF）。他也因此荣获1986年诺贝尔生理学奖。

1953年，由Vigneand领导的生化小组第一次完成了生物活性肽催产素的合成。此后整个50年代的多肽研究，主要集中于脑垂体所分泌的各种多肽激素方面。

1953年，美国生物化学家文森特 · 迪维尼奥成功合成含有八个氨基酸残基的催产素，这是人类历史上首次成功合成天然多肽。文森特 · 迪维尼奥也因此获得1955年诺贝尔化学奖。

同样是在1953年，英国生物化学家桑格完成了胰岛素一级结构的测序。该项结果第一次向人们表明了蛋白质具有其特定的、精确的氨基酸排列顺序，开创了蛋白质一级结构研究的新纪元，桑格也因此获得1958年诺贝尔化学奖。

1963年，梅里菲尔德创立了多肽固相合成法，克服了液相合成法每步产物都需要纯化的缺点。他也因此荣获1984年诺贝尔化学奖。

1965年，我国科学家团队成功合成结晶牛胰岛素，这是世界上第一次人工合成多肽类生物活性物质，此胰岛素就是51肽。

20世纪70年代，脑啡肽和阿片样肽相继被发现，神经肽的研究进入高峰，人类开始了多肽对生物胚胎发育的影响的研究。

1987年，历史上第一个基因药物——人胰岛素在美国获得批准。

20世纪90年代，人类基因组计划启动。随着越来越多的基因被解密，多肽研究与应用呈现空前繁荣的局面。基因表达的生命现象都是由蛋白质呈现的，于是科学家大力谋求基因工程大批量生产功能蛋白质多肽。同时，蛋白质工程的发展可以生产大量突变蛋白，实现蛋白质的体外定向进化。从某种意义上说，蛋白质工程也是多肽研究。

2005年，以色列科学家阿伦 · 兹切诺夫、阿弗拉姆 · 赫西科和美国科学家欧文 · 罗斯由于发现泛素调节的蛋白质降解而荣获诺贝尔化学奖。

从整个宏观过程来看，人类对蛋白质与肽的认识研究也经历了一个由表及里，逐步深入的过程（图1-8）。

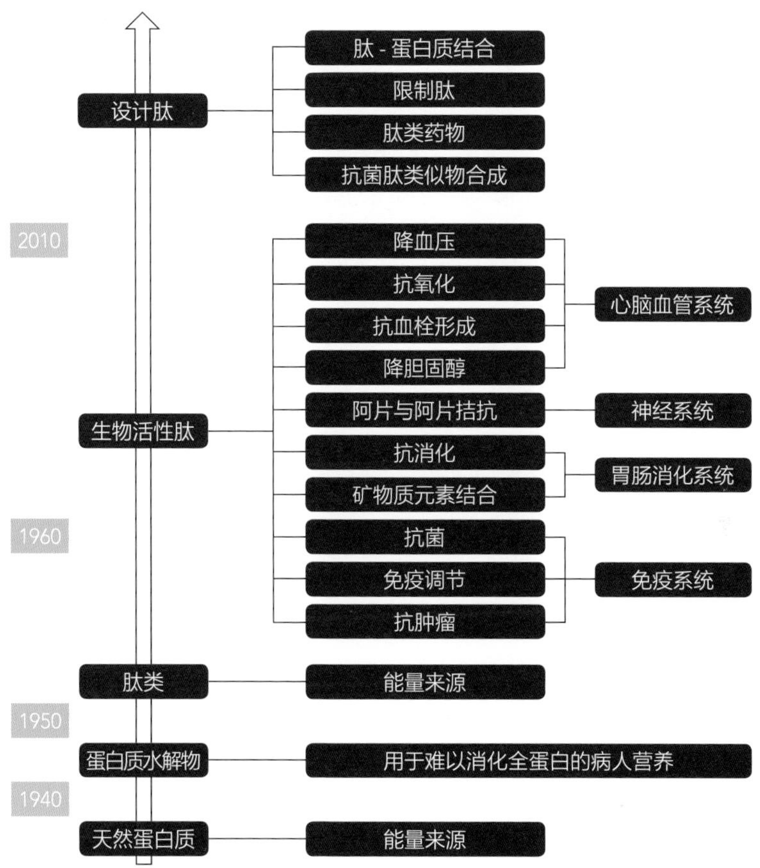

图1-8　**肽与蛋白质科学发展脉络**

资料来源：Kadam U S，et al。Trends in Food Science & Technology，2015（46）：60-67。

二、生物活性肽的发展与展望

当前，生物活性肽研究有如下四个重点发展方向。

首先，通过酶解食源性蛋白质生产活性肽已成为活性肽研究与生产应用的绝对热点。因此，通过生物活性肽的酶解控制技术，以确保产物质量、安全和活性是肽科学的重点攻克领域之一。有学者指出，蛋白质酶解制备功能性肽最核心的技术是如何对蛋白质肽键进行靶向性地酶解，一方面实现对肽链长度的控制，另一方面实现对功能肽序列的保护，概括起来为蛋白质酶切位点的暴露与隐藏技术（如采用适度的亚基解离技术，适度变性技术、接枝技术等对蛋白质进行预处理，使底物蛋白质形成有利于控制酶解的功能结构）。此外，多酶偶联酶解技术也是实现高效制备生物活性肽的重要方法。根据不同来源蛋白质的组成与结构特性，精选适宜的商业蛋白酶与特异性蛋白酶进行协同配伍，并以活性肽产量和活性为评价指标，不断优化酶解条件，有利于不断提高生物活性肽的制备效率效果。

第二，现今生物活性肽的制备与应用普遍存在生物活性肽有效成分低、功效不突出的问题。为改善这一问题，除了通过对酶解技术的精确严格控制外，采用后期化学修饰的方法对生物活性肽段进行结构改造，也有助于提高或改善其生物活性。

第三，人们对生物活性肽在体内进行消化吸收后的作用机制缺乏研究。虽然前面已讲过，不少研究证明人体可以完成对肽的吸收并产生生物学效应，但大多数生物循环肽在体循环中可能已经完全失去了生物活性，关于生物活性肽的体内稳定性、有效性和生物利用度以及它们的吸收、代谢和排出也都还有争议。这也是制约生物活性肽商业化应用最大的瓶颈。目前，科学界尚缺乏足够的医学数据特别是患者服用效果的统计数据来证明生物活性肽的有效性。

第四，我国是农业大国，有大量丰富的蛋白质资源。由于原料利用率不高，农副产品加工中产生的大量下脚料和工业副产物中含有大量的蛋白质。这些副产物中的蛋白质为活性肽生产提供了丰富而廉价的原料。同时，当前对活性肽生理功能的研究集中在抗氧化、降血压、抑菌、预防糖尿病、抗炎与免疫调节、促进金属元素吸收利用等方面，而其他潜在的生理活性如抗过敏等还需要人们去研究探索。随着研究方法的不断提高，特别是随着蛋白质工程和酶工程技术的迅速发展，将不断有新的原料被发现，更多的生理活性被揭示，生物活性肽的应用范围也会进一步扩大。

此外，进行活性肽的构效关系研究；解决苦味肽等制约产品品质的问题；随着基因工程技术的发展，利用DNA重组等技术通过生物体直接表达出所需肽类，或利用细胞培养技术大批量培养重组细胞用于生产生物活性肽等也是未来可以考虑的发展方向。

蛋白质是一切生命的物质基础。从古至今，无数科学家在肽与人类生命健康领域呕心沥血。让我们站在前人的肩膀上，继续探寻肽与人类健康的秘密。

参考文献

[1] 查锡良，周春燕，等. 生物化学 [M]. 7版. 北京：人民卫生出版社, 2008.

[2] 黎观红，晏向华. 食物蛋白源生物活性肽——基础与应用 [M]. 北京：化学工业出版社，2010.

[3] 刘铭，刘玉环，王允圃，等. 制备、纯化和鉴定生物活性肽的研究进展及应用 [J]. 食品与发酵工业，2016，42（4）：244-251.

[4] 苏秀兰. 生物活性肽的研究进展 [J]. 内蒙古医学院学报，2006，28（5）：471-474.

[5] 王立晖. 生物活性多肽特性与营养学应用研究 [M]. 天津：天津大学出版社，2016.

[6] 张贵川，袁吕江. 食源性生物活性肽的研究进展 [J]. 中国粮油学报，2009，24（9）：157-162.

[7] 赵谋明，任娇艳. 食源性生物活性肽结构特征与生理活性的研究现状与趋势 [J]. 中国食品学报，2011，11（9）：69-81.

[8] 赵武玲，陈惠，高玲，等. 基础生物化学 [M]. 2版. 北京：中国农业大学出版社，2013.

[9] 邹远东. 酶法多肽——人类健康卫士 [M]. 北京：知识产权出版社，2015.

[10] Hartmann R, Meisel H, et al. Food-derived peptides with biological activity: from research to food applications [J]. Food Biotechnology, 2007, 18: 163-169.

[11] Kadam S U, Tiwari B K, Alvarez C, et al. Ultrasound applications for the extraction, identification and delivery of food proteins and bioactive peptides [J]. Trends in Food Science & Technology, 2015 (46): 60-67.

[12] de Castro R J S, Sato H H. Biologically active peptides: processes for their generation, purification and identification and applications as natural additives in the food and pharmaceutical industries [J]. Food Research International, 2015 (74):185–198.

[13] Sharma S, Singh R, Rana S. Bioactive peptides: A review [J]. International Journal Bioautomation, 2011, 15(4): 223-250.

[14] Wang X, Yu H, Xing R, et al. Characterization, preparation, and purification of marine bioactive peptides [J]. Biomedical Research International, 2017: 1-16.

[15] Wu R, Wu C, Liu D, et al. Overview of antioxidant peptides derived from marine resources: The sources, characteristic, purification, and evaluation methods [J]. Applied Biochemistry and Biotechnology, 2015 (176): 1815–1833.

第二章 肽与糖尿病

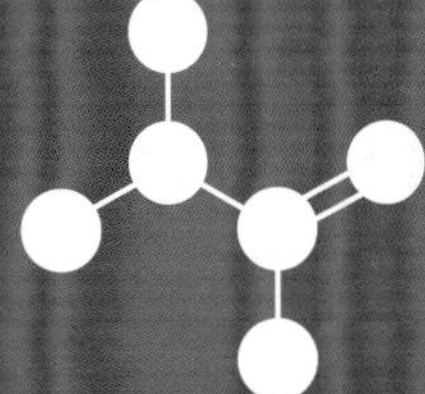

第一节 糖尿病概述

目前全球糖尿病的形势越来越严峻，而我国随着经济社会的发展，人们生活方式的改变，营养水平的提高，人口老龄化进程的加快，糖尿病患病率不断上升。国际糖尿病联盟（IDF）统计，到2017年，全球糖尿病的患病人数（20～79岁）达4.25亿人，占总人数的9.1%。我国糖尿病患者数量最多，达1.14亿人，高于其他国家。截至目前，我国共约有842993名患者死于糖尿病，其中33.8%的年龄小于60岁。如果不采用有效的治疗策略加以控制和预防，糖尿病患病情况会越来越严重，IDF预测，截止2045年全球患糖尿病的总人数将突破7.0亿人，另外将有5.87亿人处于糖尿病前期。与此同时，我国的糖尿病患病人数也将上升至1.54亿人。2017年糖尿病发病分布如图2-1所示。

糖尿病是由体内胰岛素分泌缺陷或胰岛素作用缺陷，或两者同时存在而引起的糖、脂肪、蛋白质代谢紊乱而引发的多病因代谢疾病，主要特征是长期的高血糖水平。糖尿病（特别是1型和2型糖尿病）的形成不是一朝一夕。从正常糖代谢到糖尿病确诊，患者

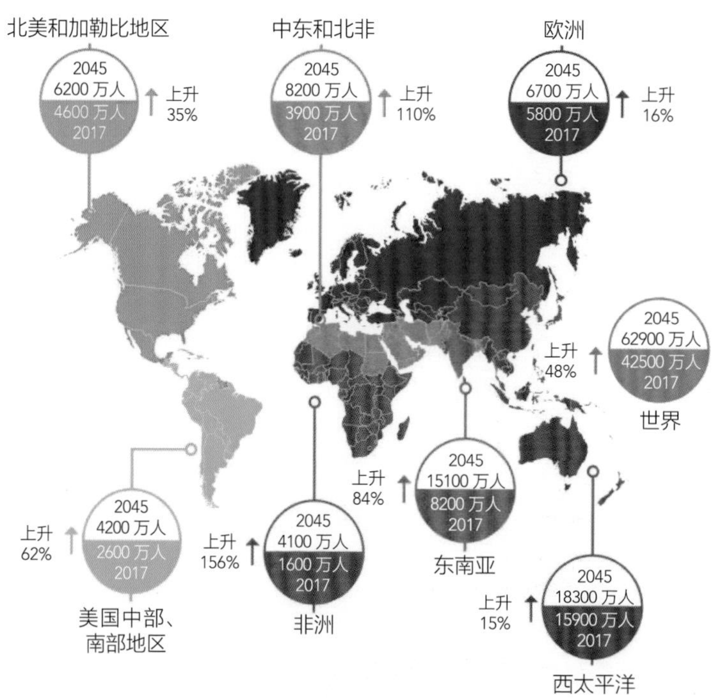

图2-1 2017年全球糖尿病发病情况及预估

资料来源：国际糖尿病联盟（IDF）。糖尿病地图（第八版），2017。

的病情往往会经历较长的发展历程。糖尿病（特别是1型和2型糖尿病）发展过程中多会经历如表2-1所示的四个糖代谢状态阶段。由表2-1可知，区分糖尿病与普通糖耐量异常有两个重要标准，一是空腹血糖是否超过7.0mmol/L，二是在糖负荷实验（口服摄入75g葡萄糖）2h后测定静脉血浆血糖，看是否超过11.1mmol/L。根据这两大标准，结合患者症状，世界卫生组织（WHO）制定了糖尿病诊断标准（表2-2）。需要注意的是，糖尿病诊断单凭随机血糖检测往往不足以确诊，因此需要结合空腹血糖检测的结果。然而我国资料显示，仅查空腹血糖时糖尿病的漏诊率仍较高，故理想的诊断方法是同时结合空腹血糖检测和糖负荷后2h血糖检测的结果。另外，糖尿病的临床诊断应依据静脉血浆血糖而不是毛细血管血糖检测结果。

表2-1 糖代谢状态分类

糖代谢分类	静脉血浆葡萄糖 /（mmol/L）	
	空腹血糖	糖负荷后2h血糖
正常血糖	＜6.1	＜7.8
空腹血糖受损	≥6.1，＜7.0	＜7.8
糖耐量异常	＜7.0	≥7.8，＜11.1
糖尿病	≥7.0	≥11.1

资料来源：中华医学会糖尿病学分会。中国糖尿病杂志，2018，10（1）：4-67。

表2-2 糖尿病的诊断标准

诊断标准	静脉血浆葡萄糖水平 /（mmol/L）
（1）典型糖尿病症状（多饮、多尿、多食、体重下降）加上随机血糖检测或加上	≥11.1
（2）空腹血糖检测或加上	≥7.0
（3）葡萄糖负荷后2h血糖检测 无糖尿病症状者需改日重复检查	≥11.1

注：空腹状态指至少8h未进食热量；随机血糖指不考虑上次用餐时间，一天中任意时间的血糖，不能用来诊断空腹血糖受损或糖耐量异常。
资料来源：中华医学会糖尿病学分会。中国糖尿病杂志，2018，10（1）：4-67。

糖尿病有四种类型——1型糖尿病（Type 1 Diabetes Mellitus，T1DM）、2型糖尿病（Type 2 Diabetes Mellitus，T2DM）、妊娠糖尿病（Gestational Diabetes Mellitus，GDM）和其他特殊糖尿病，其中前两种类型较为常见。

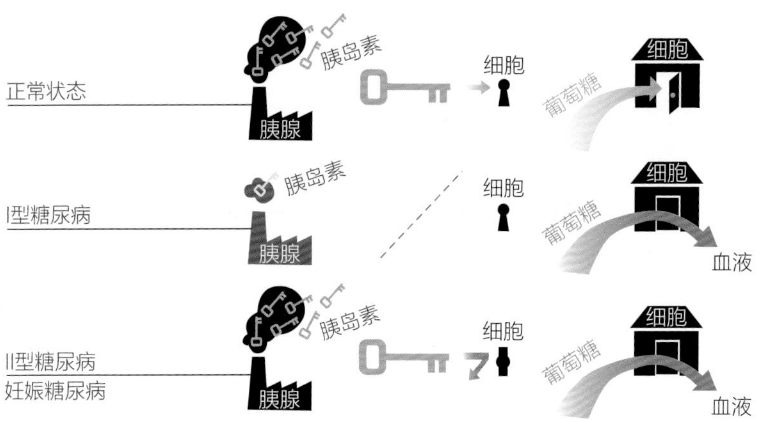

图2-2 糖尿病的三种主要类型及发病机制

资料来源：Matsuyama-Yokono A，et al。Metabolism，2009，58（3）：379-386。

如图2-2所示，1型糖尿病具有家族遗传易感性，是由T细胞介导的自身免疫反应引起的胰岛素依赖型糖尿病。患者胰岛β细胞被破坏而丧失合成和分泌胰岛素的功能，其患病人群主要是儿童或年轻人。此外，化学物质刺激和病毒感染也是1型糖尿病的诱因。四氧嘧啶、链脲霉菌素等化学物质会对胰岛β细胞产生毒性，使其受到损伤，进而影响胰岛素的合成与分泌；还有研究表明心肌病毒、风疹病毒等也会破坏胰岛β细胞，导致1型糖尿病的发生。目前，注射胰岛素或其类似物是治疗1型糖尿病的主要手段，如果不使用胰岛素，患者将面临危及生命的风险。2型糖尿病又称非胰岛素依赖型糖尿病，其发生过程一般分为三个阶段。第一阶段体内血糖水平正常，但出现胰岛素抵抗症状，此时机体的代偿性胰岛素分泌增多，尚可调节机体血糖水平，通常这一阶段持续时间较长；第二阶段机体葡萄糖耐受性降低，胰岛β细胞的功能逐渐衰退，胰岛素分泌减少；第三阶段为显性糖尿病期，胰岛素的分泌进一步减少，明显低于正常水平。该病常发病于成年，35～40岁以后的人群患病率逐渐增加。与1型糖尿病相比，2型糖尿病是由遗传因素和环境因素共同作用而形成的一种多基因遗传性复杂疾病，导致2型糖尿病发病的两个主要原因分别是胰岛素抵抗致使胰岛素作用效果不佳及胰岛素分泌相对不足。虽然2型糖尿病发病的机制尚不清楚，但已确定了许多相关的危险因素，分为不可改变的危险因素和可改变的危险因素，具体如表2-3所示。据统计，在40岁以上发病的II型糖尿病患者中，大概67%的患者发病前体重超重10%及以上，分析认为可能是肥胖的患者体内血脂异常，胰岛素细胞功能不足，难以调节体内的血糖水平。高血糖的症状还会导致一系列严重的并发症，如视网膜病、肾病、心血管疾病等，严重影响患者的身体健康和生活质量。因此，制定有效的策略来恢复和维持血糖稳定是十分重要的。

第二节 2型糖尿病的治疗策略及药物

随着医学水平的提高，糖尿病的治疗目标也随之变化，从多年以前的以“降糖为中心”的基本要求，到目前要求在降低血糖浓度的同时，全面控制心血管危险因素，纠正体内代谢紊乱，预防、降低并缓解糖尿病并发症，最大限度地减少糖尿病的发生几率，从而降低糖尿病的致死率。糖尿病的治疗措施很多，目前药物治疗是最为有效的治疗方式，但同时也会有其他方式如心理治疗、运动治疗、饮食治疗等辅助治疗。糖尿病患者中90%~95%的人被诊断为2型糖尿病。常规的2型糖尿病的治疗药物主要有：① 合成类胰岛素或者胰岛素类似物，它们能直接提高患者体内的胰岛素水平；② 胰岛素增敏剂，它们的主要作用是提高人体对胰岛素的敏感性，从而帮助肌肉细胞、脂肪细胞和肝脏吸收更多血液中的葡萄糖；③ 胰岛素促分泌剂，可以用来刺激胰岛释放更多胰岛素来降低血糖。这些合成类药物仅在一定范围内有效而不能完全控制糖尿病的发展，而且某些患者服用后可能出现不同程度的不良反应，如葡萄糖耐受不良、低血糖症、体重增加、乳酸中毒和水肿等。

总之，随着对2型糖尿病研究的深入，相关发病机制以及代谢通路逐渐清晰，目前与治疗糖尿病的靶点——肠促胰岛素相关的研究相对较多，与靶点相关的药物，例如二肽基肽酶Ⅳ（DPP-Ⅳ）酶抑制剂及肠促胰岛素激素胰高血糖素肽-1（GLP-1）类似物的研究成果也逐渐丰富，以肠促胰岛素作为治疗2型糖尿病的新途径受到人们广泛关注。

表2-3　2型糖尿病的危险因素

不可改变的危险因素	可改变的危险因素
年龄	糖尿病前期［糖耐量异常或合并空腹血糖调节受损（IFG）］（最重要的危险因素）
家族史或遗传倾向	代谢综合征（MS）
种族	超重、肥胖、抑郁症
GDM史或巨大儿生产史	饮食热量摄入过高、体力活动减少
多囊卵巢综合征（PCOS）	可增加糖尿病发生风险的药物
宫内发育迟缓或早产	致肥胖或糖尿病的社会环境

资料来源：中华医学会糖尿病学分会，中国糖尿病杂志，2018，10（1）：4-67。

一、胰高血糖素样肽-1

二肽基肽酶（DPP-Ⅳ）因其对肠促胰岛素激素胰高血糖素样肽-1（GLP-1）和葡萄

糖依赖性促胰岛素多肽（GIP）的催化活性而广为人知。GIP是源自proGIP基因的长度为42个氨基酸的肽，而GLP-1是由位于小肠末梢的L细胞分泌的一种含30个氨基酸的短肽，主要产生两种活性形式，GLP-1（7-36）和GLP-1（7-37）。GLP-1对保障胰岛β细胞正常功能、维持餐后血糖稳定及调节食欲起着至关重要的作用，正常人进食后肠道会分泌释放GLP-1，它会同葡萄糖一起被机体吸收进入血液，刺激胰岛β细胞分泌胰岛素，同时使机体胰高血糖素的分泌减少，维持体内葡萄糖平衡；还可以通过增加机体饱腹感从而降低食欲，减缓肠胃蠕动，控制饮食进而减少过多碳水化合物摄入。此外，GLP-1能够通过刺激胰岛β细胞进而加速其增殖并有效降低凋亡速率。但是，GLP-1也存在缺点，它在体内半衰期很短，两分钟就会被机体内本身存在的DPP-IV水解掉末端氨基酸从而失去生物学活性。这使得以通过直接注射GLP-1作为治疗2型糖尿病的方法变得难以实行。因此，目前人们设计通过以下两种方式来克服这个问题：第一种方式是通过抑制水解GLP-1的DPP-IV 酶活性，从而达到增加体内GLP-1含量的目的；第二种方式是采用对DPP-IV 酶耐受性较高的GLP-1类似物，用以刺激GLP-1受体，产生于GLP-1相似的效果。两种方法相比较而言，过量注入GLP-1会导致患者消化系统紊乱，出现恶心、呕吐、胃排空延缓等不良反应。DPP-IV 酶抑制药物能更好地减缓GLP-1降解，使用后对患者的副作用较小，因而成为目前糖尿病治疗药物研发的重点。

二、二肽基肽酶 IV

二肽基肽酶 IV（EC 3.14.21.5，DPP-IV），是一种跨膜糖蛋白，由两个单体以非共价形式结合而形成同源二聚体，分子质量约为220ku。首次由美国和芬兰的科学家Glenner和Hopsu-Havu在鼠肝脏组织匀浆过程中发现。其广泛分布于哺乳动物的器官和组织，存在于小肠、皮肤、免疫细胞（如B细胞、T细胞、巨噬细胞）等多种细胞表面，另外，在人体血浆中也发现DPP-IV 酶的可溶形式。DPP-IV 的广泛表达表明其参与不同的生物过程，包括免疫调节，内分泌活性和肽类激素的降解。2 型糖尿病患者可以获得许多药物治疗，这些治疗主要用于增加胰岛素的可用性。在目前可用于治疗糖尿病的十二类降糖药中，DPP-IV 抑制剂是已引入 2 型糖尿病药典的最新药物，这类抑制剂，既可以作为单一疗法使用，也可以与其他抗糖尿病药物联合使用，通过预防肠促胰岛素的降解起到控制血糖的作用。DPP-IV 的催化活性即它的二肽氨肽酶活性，使其能够切掉多肽的前两个氨基酸。如图2-3所示，GLP-1（7-36）和GLP-1（7-37）的N末端前两个氨基酸是His-Ala，Ala后的酰胺键被DPP-IV打断后His-Ala被切掉，使得GLP-1（7-36）和GLP-1（7-37）变成没有生物活性的GLP-1（9-36）和GLP-1（9-37）。DPP-IV 的底物包括多种趋化因子、细胞因子、神经肽等。这些物质具有特定的结构，一般长度不超过80个氨基酸且其N末端为Xaa-Ala或者Xaa-Pro结构的多肽均有可能成为DPP-IV的底物。

2 型糖尿病患者体内肠促胰岛素减少，这导致胰岛素分泌减少，胰高血糖素水平升高，从而导致餐后血糖升高。如图2-4所示，DPP-IV 抑制剂延长肠促胰岛素的半衰期并增加其浓度，而增加的肠促胰岛素水平则引起胰高血糖素的分泌下降，这反过来促进胰岛素分泌，减少胃的排空并降低血糖水平。因此，DPP-IV 抑制剂可通过提高 2 型糖尿病患者的肠促胰岛素作用来改善葡萄糖耐量。Estrada-Salas等发现来源于金丝雀种子的多肽经过胃肠消化后以剂量依赖性方式显示出对DPP-IV 的抑制，在肽浓度为1.4mg/mL时观察到有最高的抑制作用（抑制率43.4%）。而未水解的蛋白质则显示出较低的抑制效果（抑制率9.3%）。这表明在胃肠道消化过程中释放的肽对血糖水平有影响。

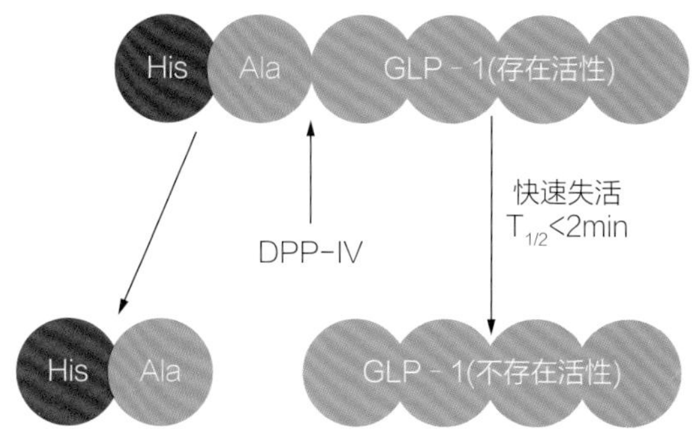

图2-3　DPP-IV 酶催化降解GLP-1示意图

资料来源：张颖。牛、羊乳酪蛋白源DPP-Ⅳ抑制肽的制备、鉴定及抑制机理研究［D］，中国农业大学，2016。

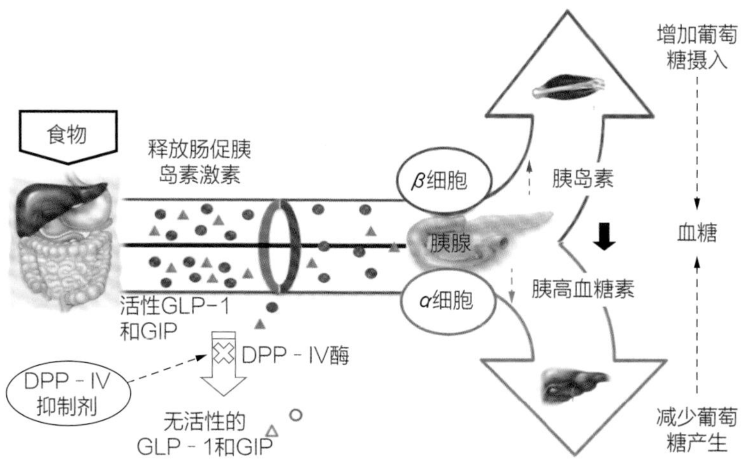

图2-4　DPP-IV抑制剂的作用机制

资料来源：Patil P, et al。European Journal of Nutrition, 2015, 54 (6): 863-880。

第三节 DPP-IV抑制肽

DPP-IV抑制剂已成为糖尿病药物开发的一个重要方向，它能通过竞争性地结合DPP-IV的位点使其构象改变，催化活性降低，进而抑制其对肠促胰岛素的降解，提高GLP-1和GIP的含量和血糖调节作用。早在2006年，以GLP-1为治疗靶点的药物西他列汀（Sitagliptin）就已经获美国食品与药物管理局（FDA）批准作为首个DPP-IV抑制剂的药物上市，除此之外，目前还有其他的DPP-IV抑制剂上市，如沙格列汀（Saxagliptin）、维格列汀（Vildagliptin）、阿洛列汀（Alogliptin）以及利拉列汀（Linagliptin）。与传统的糖尿病治疗药物相比较，DPP-IV抑制剂能够促进胰腺 β 细胞的增殖和分化，从根本上影响糖尿病病程的发展；而且它可以通过血糖依赖性的肠促胰岛素分泌作用去避免糖尿病药物治疗中常出现的低血糖症的发生；最重要的是这类抑制剂长期使用后不会影响患者的体重。总之，DPP-IV抑制剂在 2 型糖尿病的治疗中发挥着越来越重要的作用。

目前越来越多的研究致力于新DPP-IV抑制剂的筛选。但是化学合成的DPP-IV抑制剂存在着一些安全问题，长期服用可能会产生一些副作用，如上呼吸道感染、过敏反应、肠胃不适、心率失调等。相比之下，食源性DPP-IV抑制多肽是一个重要的方向，它们可以通过蛋白酶水解的方式从动植物或微生物蛋白质中获得，具有稳定性较高、副作用较小的优点。近年来，国内外学者不断以食源性动植物为原料分离及制备出具有降血糖功能的多肽类物质，并对其结构和作用机制进行研究。可以说，食源性DPP-IV抑制多肽现已成为国内外食品领域研究的热点，并具有较为广泛的应用前景。特别是其中一些多肽产品已作为降糖药物或者保健食品上市，为糖尿病的预防和治疗开辟了一条新路。

一、DPP-IV 抑制肽的活性评价方法

DPP-IV抑制多肽的最终评价主要由临床效果决定，因此，目前急需建立一种方便有效的检测方法以用于开发有效的DPP-IV抑制多肽。目前采用的检测方法主要包括体外活性实验，细胞实验和体内活性实验。

就体外检测方法而言，已知的主要包括两种：发色底物法和荧光底物法。发色底物法以甘氨酰脯氨酸对硝基苯胺（Gly-Pro-PNA）为底物，它在碱性环境中会被DPP-IV催化水解，产生对硝基苯胺和甘氨酰脯氨酸，前者呈黄色并且在405nm的波长处有最高吸

收峰，因此，该方法能够通过对硝基苯胺生成量多少即产物在405nm处的吸光值大小来反映酶活性的高低。此方法步骤简单，仅需通过酶标仪即可检测，可用于批量检测；而且该方法反应灵敏，不易受操作影响，可痕量检测DPP-IV的活性。但此法也存在应用弊端，除PNA之外还有其他物质会在405nm处产生特征吸收峰，因此极易出现假阳性或假阴性的情况，使检测结果的准确度受到影响。荧光底物法则以Gly-Pro-AMC/AFC为底物，它带有荧光基团（AMC/AFC），在微碱性的环境下会被DPP-IV水解，产生AMC/AFC和甘氨酰脯氨酸，前者能够在380nm激发光的激发下产生荧光波长为460nm的特征发射光。因此可以通过检测产物AMC/AFC生成量的多少即其在460nm处发射光的强弱来判断酶活性的高低。该方法操作简便，灵敏度高，且可以定量检测DPP-IV活性，但该法检测仪器特殊，因此难以被广泛应用。

除体外生物活性评价方面之外，细胞实验也可以用来检测具有DPP-IV抑制活性的多肽在胰岛素分泌调节过程中的作用。实验过程中以胰岛细胞等作为研究对象，探究DPP-IV抑制肽对细胞生理活性的影响，以此判断其活性。

目前也有部分文献对DPP-IV抑制多肽在动物体内的功能进行了评价实验。体内实验主要分为两种，人体试验和动物实验。动物实验一般选取患有T2DM的大鼠作为研究对象，连续饲养一段时间，检测灌胃前后胰岛 β 细胞数量及胰岛素水平等指标来判断 DPP-IV 抑制多肽的作用效果。Wang等分别测定从大比目鱼皮水解物（HSGH）和

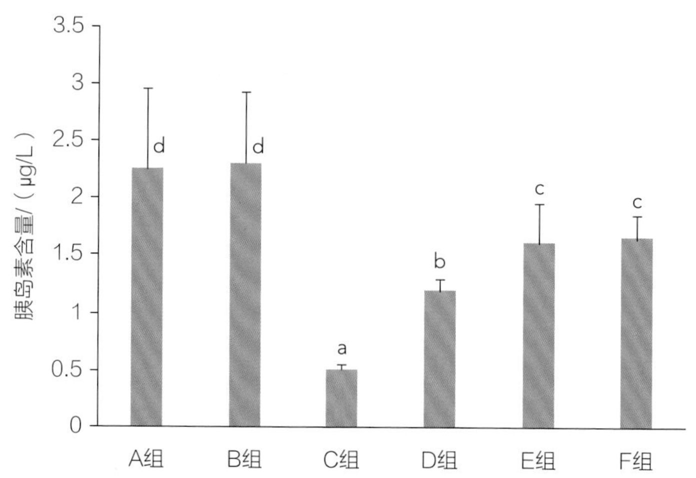

图2-5　给予HSGH和TSGH 30d对糖尿病大鼠血浆胰岛素水平的影响

A组：正常对照大鼠；B组：正常大鼠+ TSGH；C组：糖尿病对照大鼠；D组：糖尿病大鼠+ HSGH；E组：糖尿病大鼠+ TSGH；F组：糖尿病大鼠+西他列汀

资料来源：Wang，et al。Journal of Functional Foods，2015（19）：330-340。

罗非鱼皮明胶水解物（TSGH）中分离得到的小于1.5ku的组分的DPP-IV抑制活性，并且将它们用于体内抗高血糖实验，结果表明他们具有抑制血浆DPP-IV活性的作用，还能够提高血浆胰岛素水平，其中每日给予TSGH持续30d对于改善糖尿病大鼠的葡萄糖耐量更有效（图2-5）。Uchida等通过小鼠葡萄糖耐受实验表明，小鼠口服摄入DPP-IV抑制肽Val-Ala-Gly-Thr-Trp-Tyr后，其血糖水平发生显著降低。相似研究结果在β-乳球蛋白酶解物小鼠口服摄入实验中也被发现。然而，Uchida等同时提出，这并不能表明动物体内血糖水平降低一定是通过抑制DPP-IV酶活性来发挥此生理学效应的。

二、DPP-IV 抑制肽的结构特性

在对生物活性肽进行研究的过程中，可以通过建立各种生物活性肽的数据库，查询生物活性肽在蛋白质序列中的位置，进而预测蛋白质经不同酶作用后释放出来的生物活性肽的种类。除了与数据库信息进行比对之外，定量构效模型（Quantitative Structure Activity Relationship，QSAR）也是辅助研究生物活性肽构效关系的一种生物信息学方法。简而言之，QSAR 是用数学的方程式来描述化合物的结构和活性之间关系的模型。迄今为止，虽然尚不能明确具有高DPP-IV抑制活性的多肽的结构特征，但是许多基于QSAR方法的结构研究表明肽的N末端第二位存在Pro或Ala以及某些氨基酸如Trp、Leu、Ile等，可能具有相对有效的体外DPP-IV抑制活性。张颖对目前鉴定出的具有降血糖功能的多肽进行了统计（表2-4），分析这些多肽的结构，预测可能具有较好DPP-IV抑制活性多肽的结构如下：N末端首位氨基酸主要由Ile、Trp和Leu，尤其是Trp组成；在第二位点上，Pro、Leu、Ala和Arg则占据了绝大部分。当与DPP-IV酶的底物共存时，具有该种结构的肽序列可能会竞争性地与DPP-IV酶的催化活性中心结合，这也许是已报道的DPP-IV抑制多肽N端第二位更多由Pro、Ala或Leu等组成的原因。多肽的N端第三位点与第四位点上氨基酸的组成相对比较均匀，但仍然含有较多的Pro和Ala。总而言之，N末端首位的Trp和第二、三、四位的Pro均是构成DPP-IV抑制肽的重要氨基酸。Harnedy等在对Pro在DPP-IV抑制肽中的作用分析中也得出了类似的结论。此外，Lacroix等（2014）的研究还表明Pro残基在DPP-IV抑制肽N端序列中所处位置的不同可能会导致其DPP-IV抑制方式和机制的不同，例如N端第二位存在Pro的多肽序列一般表现为竞争性地DPP-IV抑制作用，因为它们具有与DPP-IV酶底物类似的结构。

表2-4 DPP-IV 抑制肽及其相关性质

肽序列	IC_{50} /(μmol/L)	氨基酸残基数	平均亲水性	等电点	pH＝8条件下的静电荷
IPI	3.5	3	−1.2	5.5	−0.5
VPL	15.8	3	−1	5.5	−0.5
IPIQY	35.2	5	−1.1	5.5	−0.5
WR	37.8	2	−0.1	10	0.5
WK	40.6	2	−0.1	8.88	0.5
GPAG	41.1	4	−0.1	5.5	−0.5
GPGA	41.9	4	−0.1	5.5	−0.5
ILAP	43.4	4	−1	5.5	−0.5
WL	43.6	2	−2.6	5.5	−0.5
WP	44.5	2	−1.7	5.5	−0.5
IPAVF	44.7	5	−1.2	5.5	−0.5
LKPTPEGDL	45	9	0.6	4.47	−1.5
LPQNIPPL	46	8	−0.6	5.5	−0.5
IPA	49	3	−0.7	5.5	−0.5
TH	49	2	−0.4	7.19	−0.5
GPAE	49.6	4	0.6	3.81	−1.5
LLAP	53.67	4	−1	5.5	−0.5
LKPTPEGDLEIL	57	12	0.4	4.14	−2.5
FLQP	65.3	4	−1	5.5	−0.5
WV	65.7	2	−2.4	5.5	−0.5
NH	69	2	−0.1	7.19	−0.5
VL	74	2	−1.6	5.5	−0.5
CAYQWQRPVDRIR	78	13	0.1	9.25	1.2
LPQ	82	3	−0.5	5.5	−0.5
TW	84	2	−1.9	5.5	−0.5
IA	88	2	−1.1	5.5	−0.5
LA	91	2	−1.1	5.5	−0.5
ML	91	2	−1.5	5.5	−0.5
WA	92.6	2	−1.9	5.5	−0.5
MM	93	2	−1.3	5.5	−0.5
VP	93	2	−0.7	5.5	−0.5

续表

肽序列	IC_{50} /(μmol/L)	氨基酸残基数	平均亲水性	等电点	pH = 8条件下的静电荷
FA	94	2	−1.5	5.5	−0.5
PACGGFWISGRPG	96.4	13	−0.4	8.22	0.3
LPYPY	108.3	5	−1.2	5.5	−0.5
VPITPTL	110	7	−0.8	5.5	−0.5
PGVGGPLGPIGPCYE	116.1	15	−0.3	3.81	−1.7
WQ	120.3	2	−1.5	5.5	−0.5
VPITPT	130	6	−0.6	5.5	−0.5
WI	138.7	2	−2.6	5.5	−0.5
WLAHKALCSEKLDQ	141	14	0.1	7.19	−0.7
IPAVFK	143	6	−0.5	8.88	0.5
HL	143.2	2	−1.1	7.19	−0.5
WN	148.5	2	−1.5	5.5	−0.5
IP	149.6	2	−0.9	5.5	−0.5
MAGVDHI	159.37	7	−0.3	5.5	−1.5
LAHKALCSEKL	165	11	0.1	8.22	0.3
TKCEVFRE	166	8	0.8	6.25	−0.7
VA	168.2	2	−1	5.5	−0.5
VAGTWY	174	6	−1.3	5.5	−0.5
LCSEKLDQ	186	8	0.6	4.47	−1.7
YPYY	194.4	4	−1.7	5.5	−0.5
WIQP	237.3	4	−1.2	5.5	−0.5
LPL	241.4	3	−1.2	5.5	−0.5
WM	243.1	2	−2.3	5.5	−0.5
YPY	243.7	3	−1.5	5.5	−0.5
FPGPIPN	260	7	−0.5	5.5	−0.5
ILDKVGINY	263	9	−0.3	6.25	−0.5
MPLP	270	4	−0.7	5.5	−0.5
WY	281	2	−2.8	5.5	−0.5
WLAHKAL	286	7	−0.7	9.06	0.5
TPEVDDEALEK	319.5	11	1.3	3.86	−4.5
LPLPL	325	5	−1	5.5	−0.5

续表

肽序列	IC_{50} /(μmol/L)	氨基酸残基数	平均亲水性	等电点	pH = 8条件下的静电荷
IVQNNDSTEYGLF	337	13	−0.2	3.53	−2.5
WRE	350	3	0.9	6.25	−0.5
WRD	376	3	0.9	6.25	−0.5
FL	399.6	2	−2.1	5.5	−0.5
WRN	403	3	0	10	0.5
WRK	406	3	0.9	11.12	1.5
WRF	413	3	−0.9	10	0.5
WC	420	2	−2.2	5.5	−0.7
VLVLDTDYK	424.4	9	0	4.47	−1.5
WRG	473	3	−0.1	10	0.5
WT	482.1	2	−1.9	5.5	−0.5
WRS	483	3	0	10	0.5
WRP	487	3	−0.1	10	0.5
MPPPLP	490	6	−0.5	5.5	−0.5
MPPPL	500	5	−0.6	5.5	−0.5
EPPPPEPPPI	500	10	0.4	3.53	−2.5
WRT	526	3	−0.2	10	0.5
WW	554.8	2	−3.4	10	0.5
WRR	570	3	0.9	11.97	1.5
VLGP	580.4	4	−0.8	5.5	−0.5
WRY	640	3	−0.9	8.88	0.5
WS	643.5	2	−1.5	5.5	−0.5
YP	658.1	2	−1.1	5.5	−0.5
WRH	670	3	−0.3	10	0.5
YPFPGPIPN	670	9	−0.7	5.5	−0.5
WRM	673	3	−0.5	10	0.5
WRA	690	3	−0.3	10	0.5
LP	712.5	2	−0.9	5.5	−0.5
WRQ	720	3	0	10	0.5
WRI	730	3	−0.7	10	0.5
WRP	780	3	−0.1	10	0.5

续表

肽序列	IC_{50} /(μmol/L)	氨基酸残基数	平均亲水性	等电点	pH＝8条件下的静电荷
VR	826.1	2	0.8	10	0.5
MP	870	2	−0.6	5.5	−0.5
AL	882.1	2	−1.1	5.5	−0.5
WRL	903	3	−0.7	10	0.5
MPPLP	930	5	−0.6	5.5	−0.5
LW	993.4	2	−2.6	5.5	−0.5
PGPIHNS	1000	7	−0.2	7.19	−0.5
LQP	1181.1	3	−0.5	5.5	−0.5
IPPLTQTPV	1300	9	−0.6	5.5	−0.5
MPPPLPA	1300	7	−0.5	5.5	−0.5
PQNIPPL	1500	7	−0.4	5.5	−0.5

资料来源：张颖。牛、羊乳酪蛋白源DPP-IV抑制肽的制备、鉴定及抑制机理研究［D］，北京：中国农业大学，2016。

第四节 食源性DPP−IV抑制肽

人们公认饮食在预防和控制糖尿病方面发挥着重要作用。在过去的几十年中，许多研究报告了某些食物或其成分的消费与糖尿病发病率之间的假定关联。此外，来自体外、动物以及临床研究的结果也表明，一些饮食因素，如肽和酚类化合物，可以帮助调节血糖水平。如今，计算机辅助技术也被用于预测膳食蛋白质作为DPP-IV抑制剂前体的潜力，这有助于选择最佳蛋白质来生产生物活性肽。Nongonierma等（2014）通过计算机分析显示了几种食源性蛋白质中的包含能够抑制DPP-IV酶活性的肽序列，在研究的蛋白质中，鸡蛋、燕麦和小麦蛋白被认为是特别有潜力的DPP-IV抑制肽的来源。以上的研究表明食物可能是天然DPP-IV抑制剂的重要来源，因此也许可以作为对血糖水平调节中药物疗法的补充。这一发现引起了科学界的关注，世界各地的研究小组也发表了大量相关文献，阐述了以各类食源性蛋白质为原料生产和鉴定DPP-IV抑制肽。

一、植物源DPP-IV 抑制肽

（一）来源于豆类蛋白质

植物蛋白质可用于预防心血管疾病和糖尿病。目前已有一些研究提供了大豆蛋白多肽在动物模型或 2 型糖尿病患者中发挥降血糖作用的证据。Lammi等使用来自大豆蛋白的多肽IAVPGEVA，IAVPTGVA和LPYP处理HepG2细胞后，应用蛋白质印迹分析，葡萄糖摄取实验和荧光显微镜评估等分子技术组合分析发现，这些肽可通过AMPK通路激活葡萄糖转运蛋白1（GLUT1）和葡萄糖转运蛋白4（GLUT4）来增强HepG2细胞摄取葡萄糖的能力，结果如图2-6所示。此外，Toledo等用碱性蛋白酶和菠萝蛋白酶水解两种常见豆类蛋白质，并用胃蛋白酶-胰酶进一步水解以模拟胃肠道消化。结果发现两种豆类蛋白经酶解和模拟消化处理后的产物均能促使INS-1E细胞的胰岛素分泌，降低DPP-IV酶和糖基化终产物（RAGE）受体的表达。

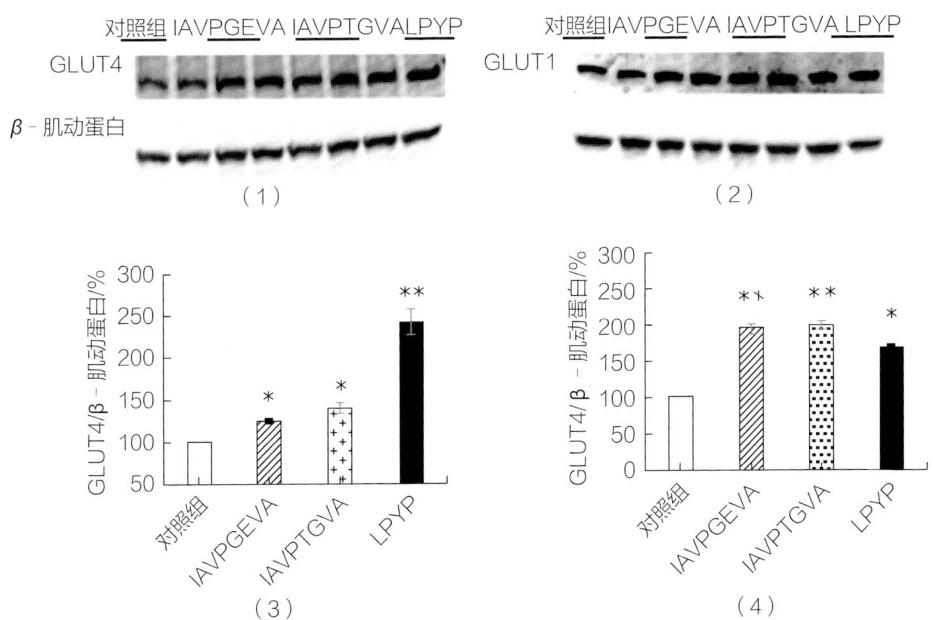

图2-6　多肽IAVPGEVA、IAVPTGVA和LPYP对葡萄糖转运蛋白4（GLUT4）和葡萄糖转运蛋白1（GLUT1）蛋白质表达水平的影响

注：不同数量*代表组间存在显著性差异（$p<0.05$）。

资料来源：Lammi C，et al。International Journal of Molecular Sciences, 2015, 16 (11): 27362-27370。

（二）来源于谷类蛋白质

研究者从脱脂米糠、藜麦等植物的蛋白质中先后获得了不同的DPP-IV抑制肽。Pooja等探究米糠衍生的球蛋白在开发生物活性肽，特别是在开发DPP-IV抑制肽方面的潜力。该研究采用了各种计算机预测方法（BLAST、BIOPEP、PeptideRanker、PepDraw、Pepcalc和ToxinPred）预测球蛋白潜力，结果表明与本研究中使用的其他蛋白酶相比，Ficain蛋白酶是从米糠衍生的球蛋白中释放DPP-IV抑制肽的主要蛋白酶。Hatanaka等在研究中进行了DPP-IV抑制肽生产方法的简化。该研究使用两种商业酶将脱脂后的米糠蛋白质水解，结果表明，使用Umamizyme G蛋白酶水解产生的蛋白质多肽的DPP-IV抑制活性是Bioprase SP蛋白酶酶解产物的10倍。因此，该研究最终从Umamizyme G酶水解产物中鉴定得到了两条具有显著DPP-IV抑制活性的肽序列，分别为Leu-Pro和Ile-Pro。此外，还有研究以麦麸为原料，经商业食品级酶制剂Debitrase HWY20水解后评估蛋白质水解产物的分子质量分布，并使用体外模拟胃肠消化法比较消化前后蛋白质水解产物的DPP-IV抑制活性，并通过液相色谱–串联质谱（LC-MS/MS）鉴定了多肽的结构。

二、动物源DPP-IV抑制肽

（一）来源于乳及乳制品

乳及乳制品资源丰富，营养价值较高，是优质蛋白质的来源，因此从乳蛋白（包括酪蛋白、β-乳球蛋白、α-乳白蛋白）中获得DPP-IV 抑制肽的研究较多。Zhang等（2015）使用胰蛋白酶和胰凝乳蛋白酶水解羊乳酪蛋白得到了具有较高DPP-IV 抑制活性的酶解产物。该酶解产物经分离纯化后鉴定可得到五种新型的DPP-IV 抑制肽，其中INNQFLPYPY对DPP-IV显示出较强的抑制作用，其IC_{50}为40.08μmol/L。Lacroix等（2014）从乳清蛋白的胃蛋白酶水解产物中分离鉴定出两条来源于 β-乳球蛋白的高活性DPP-IV抑制序列LKPTPEGDL和LKPTPEGDLEIL（IC_{50}分别为45和57μmol/L），并且发现其表现为反竞争的DPP-IV 抑制方式。此外，在饮食中添加乳清蛋白可通过各种机制降低餐后血糖。乳清蛋白除了能够促进胰岛素分泌外，还可以增强肠降血糖素的作用，促进GIP和GLP-1的分泌，甚至调节食欲。Jakubowicz等的研究表明，患有2型糖尿病的人类受试者消耗50g乳清蛋白可降低餐后血糖，同时刺激胰岛素和GLP-1发挥作用，但没有检测到血浆中DPP-IV活性的差异。这表明乳清蛋白不是通过改变血浆中DPP-IV活性来发挥降糖作用，而是通过另一种间接机制对胰岛素分泌产生影响。目前，乳制品中以牛乳、羊乳的研究居多，此外，还有一些以牦牛乳、骆驼乳等乳制品为原料的DPP-IV抑制肽的研究。

（二）来源于鱼类蛋白质

各种鱼类蛋白质也是DPP-IV抑制肽的良好来源。Li-Chan等采用风味蛋白酶、碱性蛋白酶和菠萝蛋白酶对大西洋鲑鱼皮胶原蛋白进行酶解后，体外活性检测结果发现，风味蛋白酶水解产物的DPP-IV抑制活性最高，并从中分离鉴定得到了GPAE和GPGA两种肽，它们的 IC_{50}分别为49.6μmol/L和41.9μmol/L。Zhang等（2017；2018）使用胃蛋白酶、木瓜蛋白酶、胰蛋白酶和碱性蛋白酶水解鳙鱼鱼肉蛋白，并用超滤、凝胶过滤层析与反相高效液相色谱对鳙鱼肌肉蛋白多肽进行分离纯化，最后通过液质联用的方法鉴定得到了具有较高的DPP-IV抑制活性的寡肽IADHFL，其IC_{50}为（610.1±82.6）μmol/L。为探究上述寡肽IADHFL在细胞水平的DPP-IV抑制能力，研究还测定了Caco-2细胞膜DPP-IV以及细胞外DPP-IV的活性。结果表明，IADHFL能够显著降低Caco-2膜DPP-IV和胞外DPP-IV活性。同时，利用荧光定量PCR和Western Blot实验探究多肽对DPP-IV基因及蛋白质表达量的影响，研究发现，IADHFL也能有效地降低DPP-IV的表达水平，结果如图2-7所示。该研究还通过Caco-2-INS-1细胞双层膜模型和多肽直接处理INS-1的方法探究了IADHFL促胰岛素分泌能力，测定INS-1细胞胰岛素分泌含量后发现，在2.8和16.7mmol/L葡萄糖的刺激下，IADHFL能促进INS-1细胞胰岛素的分泌，结果如图2-8所示。Sasaoka等则从鲟鱼副产品中制备了胶原蛋白肽（SCP），并进行了ICR小鼠的口服葡萄糖耐量实验（OGTT），结果发现SCP组的血糖水平显著低于对照组。

三、微生物源DPP-IV抑制肽

目前，更多的研究主要通过酶解动植物源的蛋白质来获得DPP-IV抑制多肽，关于酶解法制备微生物源DPP-IV抑制多肽的研究较少。Panwar等研究了定植于肠道的乳酸杆菌是否可以抑制DPP-IV酶，实验过程中分离、鉴定、提取了来自人婴儿粪便样品的15种乳杆菌菌株（分别命名为Lb 1-15），并测定了其对DPP-IV酶的抑制作用，结果表明，植物乳杆菌和发酵乳杆菌的胞内提取物具有较好的抑制活性，这为未来利用益生菌或其胞内胞外成分来治疗 2 型糖尿病提供了科学依据。Zeng等提取了21株乳酸菌的细胞内容物和细胞外分泌物，测定它们的DPP-IV抑制活性后发现，有些细胞外分泌物对DPP-IV酶有较为显著的抑制作用。该研究还发现，细胞外分泌物经过蛋白酶K水解后，显示出了更强的DPP-IV抑制作用。根据这些实验结果，该研究推测出乳酸菌胞外分泌物中的活性物质可能是含有芳香族氨基酸或脂肪族氨基酸的寡肽。除此之外，Zeng等于2015年还曾发

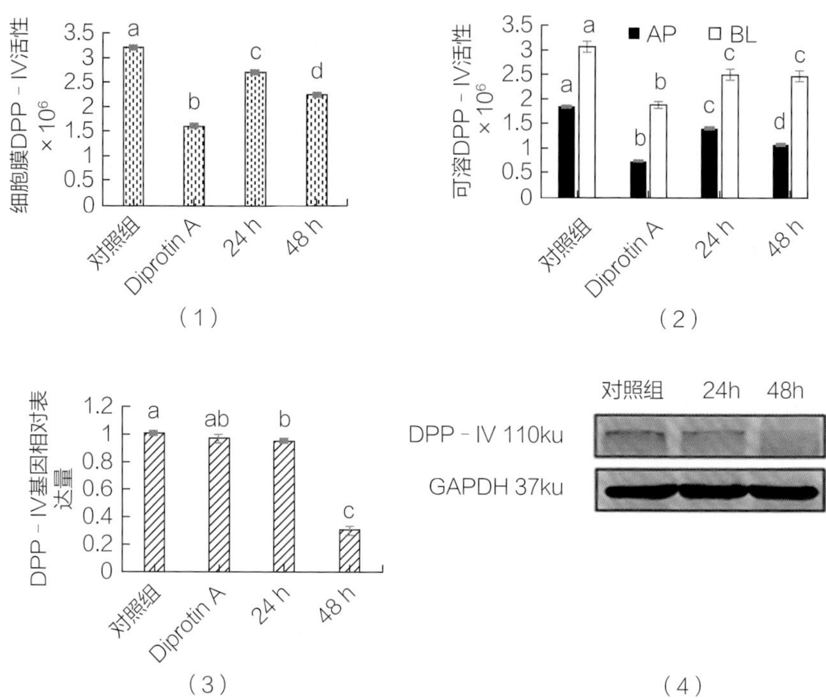

图2-7　IADHFL对Caco-2细胞DPP-Ⅳ活性及表达的影响

（1）细胞膜DPP-Ⅳ活性；（2）可溶性DPP-Ⅳ活性；（3）DPP-Ⅳ基因相对表达量；（4）DPP-Ⅳ蛋白表达分析

注：不同的小写字母代表组间存在显著性差异（$p<0.05$）。

资料来源：Zhang C，et al。Food & Function，2018，9（4）：2240-2250。

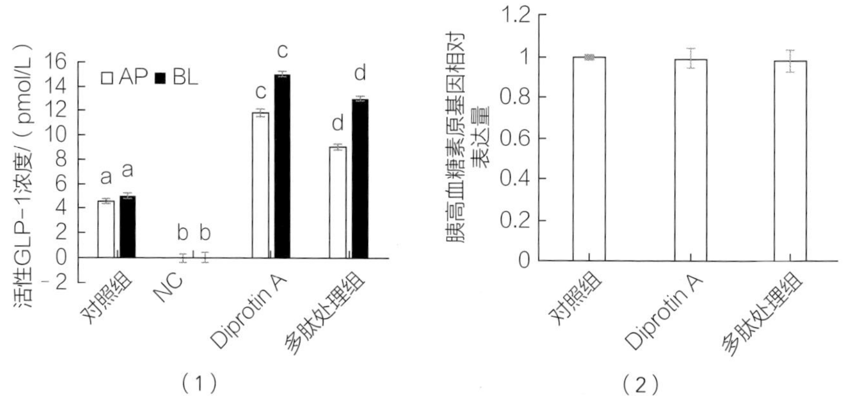

图2-8　IADHFL对处理24hCaco-2细胞的活性GLP-1的含量及其基因表达的影响

（1）活性GLP-1含量；（2）胰高血糖素原基因相对表达量

注：不同小写字母代表组间存在显著性差异（$p<0.05$）。

资料来源：Zhang C，et al。Food & Function，2018，9（4）：2240-2250。

现了双歧杆菌细胞内提取物具有DPP-IV抑制活性，从母乳喂养的婴儿粪便样品中分离出的青春双歧杆菌IF1-11和双歧杆菌IF3-211的菌株显示出较高的DPP-IV抑制活性（在其实验中，抑制率分别达27%和25%）以及良好的益生菌性质。以上研究均是对微生物胞内胞外分泌物进行DPP-IV抑制活性的体外测定，后续的研究可以通过一系列的分离和鉴定技术来探究双歧杆菌或乳酸菌的具体生物活性成分。

第五节　血糖控制肽的发展现状与前景展望

一、血糖控制肽的发展现状

小分子活性肽降血糖与控制糖尿病的机制不同于药物，它能够直接作用于 β 细胞，刺激细胞增殖、诱导细胞再生、阻止胰岛细胞凋亡，从而动态调节 β 细胞数量；在血糖水平低时，小分子活性肽不会诱导胰岛素分泌，有利于确保发挥功能的同时不会增加低血糖发生的风险，可以作为糖尿病前期者、糖尿病患者或者糖尿病并发症患者的日常补充剂，增加体力，加速器官修复，协助胰岛细胞分泌胰岛素，辅助调节血糖。近年来，国内外学者不断地从天然动植物以及微生物中分离出具有降血糖功能的多肽类物质，并对其结构和作用机制进行研究。这些多肽在适宜的条件下通过蛋白酶酶解获得，安全性较高，他们的氨基酸组成各不相同，对DPP-IV的抑制效果也不尽相同，其中一些已经作为降糖药物或者保健食品上市，为糖尿病的预防和治疗开辟了一条新路。

二、血糖控制肽的发展趋势

如今，随着基因工程技术的发展，我们可以通过局部修饰生物活性肽的氨基酸序列及结构来延长其半衰期，降低免疫原性，抵抗蛋白酶的水解，提高生物利用率以及减轻副作用。现阶段对生物活性肽降糖的作用机制、构效关系等问题的研究还不够细致，将生物活性肽开发为高效、安全、长效的新型降糖类药物或功能食品将成为今后的研究重点。

参考文献

[1] 高洋. 糖尿病及其并发症的临床检验分析[J]. 基层医学论坛，2018(5)：666-667.
[2] 国际糖尿病联盟(IDF)糖尿病地图[M]. 8版. 国际糖尿病联盟，2017.
[3] 黄伟. 桦褐孔菌深层发酵产物中DPP-Ⅳ抑制活性组分的分离纯化[D]. 无锡：江南大学，2012.
[4] 姬勋. 基于DPP4和EGFR靶点的药物设计、合成及相关药理活性研究[D]. 沈阳：沈阳药科大学，2014.
[5] 刘娅群. 黄芩苷对2型糖尿病糖脂代谢的影响及机制研究[D]. 南京：东南大学，2017.
[6] 齐宗利，张瑜庆，胡军. 病毒感染与1型糖尿病[J]. 生命的化学，2016,(1)：45-49.
[7] 中华医学会糖尿病学分会.中国2型糖尿病防治指南(2017年版)[J]. 中国糖尿病杂志，2018，10(1)：4-67.
[8] 张颖. 牛、羊乳酪蛋白源DPP-Ⅳ抑制肽的制备、鉴定及抑制机理研究[D]. 北京：中国农业大学，2016.
[9] Cheang J Y, Moyle P M. Glucagon-like peptide-1 (GLP-1)-Based therapeutics: Current status and future opportunities beyond type 2 diabetes [J]. MedChem, 2018, 13(7): 662-671.
[10] Craddy P, Palin H J, Johnson K I. Comparative effectiveness of dipeptidylpeptidase-4 inhibitors in type 2 diabetes: a systematic review and mixed treatment comparison [J]. Diabetes Therapy, 2014, 5(1): 1-41.
[11] Deacon C F. Peptide degradation and the role of DPP-4 inhibitors in the treatment of type 2 diabetes [J]. Peptides, 2018 (100): 150-157.
[12] Defronzo R A, Triplitt C L, Abdul-Ghani M, et al. Novel agents for the treatment of type 2 diabetes [J]. Diabetes Spectrum a Publication of the American Diabetes Association, 2014, 27(2): 100.
[13] Estrada-Salas P A, Montero-Morán G M, Martínez-Cuevas P P, et al. Characterization of antidiabetic and antihypertensive properties of canary seed (*Phalaris canariensis* L.) peptides[J]. Journal of Agricultural & Food Chemistry, 2014, 62(2): 427-33.
[14] Gupta A, Al-Aubaidy H A, Mohammed B I. Glucose dependent insulinotropic polypeptide and dipeptidyl peptidase inhibitors: their roles in management of type 2 diabetes mellitus [J]. Diabetes & Metabolic Syndrome Clinical Research & Reviews, 2016, 10(2): S170-S175.
[15] Harnedy P A, O' Keeffe M B, Fitzgerald R J. Purification and identification of dipeptidyl peptidase (DPP) IV inhibitory peptides from the macroalga *Palmaria palmata* [J]. Food Chemistry, 2015, 172(2): 400-406.
[16] Hasham A, Tomer Y. The recent rise in the frequency of type 1 diabetes: who pulled the trigger? [J]. Journal of Autoimmunity, 2011, 37(1): 1-2.
[17] Hatanaka T, Inoue Y, Arima J, et al. Production of dipeptidyl peptidase IV inhibitory peptides from defatted rice bran [J]. Food Chemistry, 2012, 134(2): 797-802.
[18] Jakubowica D, Froy O, Ahren B, et al. Incretin, insulinotropic and glucose-lowering effects of whey protein pre-load in type 2 diabetes: a randomised clinical trial [J].

Diabetologia, 2014, 57 (9): 1807-1811.

[19] Johnson M H, de Mejia E G. Phenolic compounds from fermented berry beverages modulated gene and protein expression to increase insulin secretion from pancreatic β-cells in vitro[J]. Journal of Agricultural & Food Chemistry, 2016, 64(12): 2569-2581.

[20] Kahn S E, Hull R L, Utzschneider K M. Mechanisms linking obesity to insulin resistance and type 2 diabetes [J]. Nature, 2006, 444(7121): 840.

[21] Lacroix I.M.E., & Li-Chan E.C.Y. Evaluation of the potential of dietary proteins as precursors of dipeptidyl peptidase (DPP)-IV inhibitors by an in silico approach [J]. Journal of Functional Foods, 2012 (4): 403-412.

[22] Lacroix I.M.E., & Li-Chan E.C.Y. Isolation and characterization of peptides with dipeptidyl peptidase-IV inhibitory activity from pepsin-treated bovine whey proteins [J]. Peptides, 2014 (54): 39-48.

[23] Lammi C, Zanoni C, Arnoldi A. Three peptides from soy glycinin modulate glucose metabolism in human hepatic HepG2 cells [J]. International Journal of Molecular Sciences, 2015, 16(11): 27362-27370.

[24] Li N, Wang L J, Jiang B, et al. Recent progress of the development of dipeptidyl peptidase-4 inhibitors for the treatment of type 2 diabetes mellitus [J]. European Journal of Medicinal Chemistry, 2018 (151): 145-157.

[25] Li-chan E C Y, Hunag S L, Jao C L, et al. Peptides derived from atlantic salmon skin gelatin as dipeptidyl-peptidase IV inhibitors[J]. Journal of Agricultural and Food Chemistry, 2012, 60(4): 973-978.

[26] Matsuyama-Yokono A, Tahara A, Nakano R, et al. Antidiabetic effects of dipeptidyl peptidase-IV inhibitors and sulfonylureas in streptozotoein-nieotinamide induced mildly diabetic miee [J]. Metabolism, 2009, 58(3): 379-386.

[27] Mentlein, R. Dipeptidyl-peptidase IV (CD26)-role in the inactivation of regulatory peptides. Regul [J]. Peptides, 1999, 85: 9-24.

[28] Nongonierma A B, Fitzgerald R J. An in silico model to predict the potential of dietary proteins as sources of dipeptidyl peptidase IV (DPP-IV) inhibitory peptides[J]. Food Chemistry, 2014, 165(20): 489.

[29] Nongonierma A B, Fitzgerald R J. Features of dipeptidyl peptidase IV (DPP - IV) inhibitory peptides from dietary proteins [J/OL]. Journal of Food Biochemistry, https: doi/epdf/10.1111/jfbc.12451, 2017.

[30] Nongonierma A B, Fitzgerald R J. Learnings from quantitative structure–activity relationship (QSAR) studies with respect to food protein-derived bioactive peptides: a review [J]. Rsc Advances, 2016, 6(79): 75400–75413.

[31] Nongonierma A B, Hennemann M, Paolella S, et al. Generation of wheat gluten hydrolysates with dipeptidyl peptidase IV (DPP-IV) inhibitory properties[J]. Food & Function, 2017, 8(6): 2249–2257.

[32] Panwar H, Calderwood D, Grant IR, et al. *Lactobacilli* possess inhibitory activity against dipeptidyl peptidase-4 (DPP-4) [J]. Annals of microbiology, 2016, 66(1): 505-509.

[33] Patil P, Mandal S, Tomar S K, et al. Food protein-derived bioactive peptides in management of type 2 diabetes [J]. European Journal of Nutrition, 2015, 54(6): 863-880.

[34] Pooja K, Rani S, Kanwate B, et al. Physico-chemical, sensory and toxicity characteristics of dipeptidyl peptidase-IV inhibitory peptides from rice bran-derived globulin using computational approaches [J]. International Journal of Peptide Research & Therapeutics, 2017 (3): 1-11.

[35] Rasmussen H B, Branner S, Wiberg F C, et al. Crystal structure of human dipeptidyl peptidase IV/CD26 in complex with a substrate analog[J]. Nature Structural Biology, 2003, 10(1): 19-25.

[36] Sasaoka Y, Kishimura H, Adachi S, et al. Collagen peptides derived from the triple helical region of sturgeon collagen improve glucose tolerance in normal mice [J]. Journal of Food Biochemistry, 2017, 42(2): 12478.

[37] Sebokova E, Christ A D, Boehringer M, et al. Dipeptidyl peptidase IV inhibitors: the next generation of new promising therapies for the management of type 2 diabetes [J]. Current Topics in Medicinal Chemistry, 2007, 7(6): 547-555.

[38] Toledo M E O, Mejia E G D, Sivaguru M, et al. Common bean (*Phaseolus vulgaris* L.) protein-derived peptides increased insulin secretion, inhibited lipid accumulation, increased glucose uptake and reduced the phosphatase and tension homologue activation in vitro[J]. Journal of Functional Foods, 2016 (27): 160-177.

[39] Uchida M, Ohshiba Y, Mogami O. Novel dipeptidyl peptidase-4-inhibiting peptide derived from *β*-lactoglobulin [J]. Journal of Pharmacological Sciences, 2011, 117(1): 63.

[40] Wang T Y, Hsieh C H, Hung C C, et al. Fish skin gelatin hydrolysates as dipeptidyl peptidase IV inhibitors and glucagon-like peptide-1 stimulators improve glycaemic control in diabetic rats: a comparison between warm- and cold-water fish [J]. Journal of Functional Foods, 2015 (19): 330-340.

[41] World Health Organization. Definition and diagnosis of diabetes mellitus and intermediate hyperglycemia: report of a WHO/IDF consultation[Z]. Geneva, Switzerland, 2006.

[42] Zeng Z, Luo JY, Zuo FL, et al. *Bifidobacteria* possess inhibitory activity against dipeptidyl peptidase-IV [J]. Applied Microbiology, 2015 (62): 250-255.

[43] Zeng Z, Luo JY, Zuo FL, et al. Screening for potential novel probiotic *Lactobacillus* strains based on high dipeptidyl peptidase IV and α-glucosidase inhibitory activity [J]. Journal of Functional Foods, 2016 (20): 486-495.

[44] Zhang C, Liu H, Chen S, et al. Evaluating the effects of IADHFL on inhibiting DPP-IV activity and expression in Caco-2 cells and contributing to the amount of insulin released from INS-1 cells in vitro[J]. Food & Function, 2018, 9(4): 2240-2250.

[45] Zhang C, Zhang Y Q, Wang Z Y, Chen S W, Luo Y K. Production and identification of antioxidant and angiotensin-converting enzyme inhibition and dipeptidyl peptidase IV inhibitory peptides from bighead carp (*Hypophthalmichthys nobilis*) muscle hydrolysate [J]. Journal of Functional Foods, 2017 (35): 224-235.

[46] Zhang Y, Chen R, Ma H, et al. Isolation and identification of dipeptidyl peptidase IV-inhibitory peptides from trypsin/chymotrypsin-treated goat milk casein hydrolysates by 2D-TLC and LC–MS/MS [J]. Journal of Agricultural & Food Chemistry, 2015, 63(40): 8819.

第三章 肽与抗氧化

第一节　抗氧化肽的来源
第二节　抗氧化肽的制备方法
第三节　抗氧化肽活性的体外检测方法
第四节　抗氧化肽的氨基酸组成与抗氧化作用机制
第五节　抗氧化肽在细胞实验和动物实验中的研究进展
第六节　抗氧化肽的发展现状与前景展望

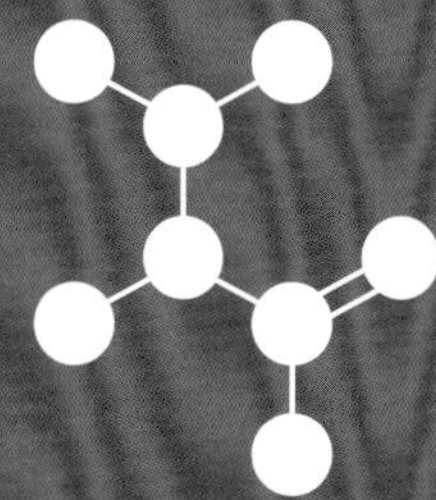

在机体内，氧化代谢是细胞存活所必须的。物质的氧化会在体内产生大量的自由基和活性氧，在生物体中，一定的自由基是维持机体生命活动所必需的，但当自由基产生过多，机体内自由基的产生和消除的平衡被打破，体内的自由基代谢就会失衡，从而引发细胞膜脂质、细胞蛋白质、DNA和酶的氧化，导致细胞损伤从而引发多种疾病。在食物的贮藏保鲜过程当中，食品中的脂质氧化会使食品质量变差，影响食品的香味气味，并降低食品的货架期。因此，为了预防人类疾病的发生以及预防食品的腐败变质，抑制食品和机体中自由基的产生就显得尤为重要。人工合成的抗氧化剂虽然具有很强的抗氧化活性，但在机体内存在潜在的风险，于是人们把目光转向了天然的抗氧化剂，许多研究发现，由各种蛋白质水解或由微生物发酵产生的肽具有抗氧化活性。抗氧化肽已成为当前抗氧化剂的研究热点，人们有望利用这些抗氧化活性肽开发新型的功能食品或保健品。

第一节 抗氧化肽的来源

一、植物蛋白质源抗氧化肽

（一）大豆蛋白来源的抗氧化肽

大量的研究表明，大豆蛋白酶解物具有一定的抗氧化活性。刘文颖等以大豆分离蛋白为原料，采用两步酶解法制备出大豆低聚肽，并通过反向高效液相色谱对其进行分离纯化，得到的6个肽段均有一定的DPPH自由基清除能力，其中Leu-Tyr（LY）、Leu-Ala-Gly-Arg（LAGR）、Phe-Ser-Arg（FSR）是具有较高抗氧化活性的肽段。

（二）大米蛋白来源的抗氧化肽

大米蛋白是一种优质的植物蛋白质，近几年研究发现，大米蛋白酶解物具有抗氧化活性。彭斓兰等采用胰蛋白酶、复合蛋白酶以及中性蛋白酶复合酶解大米蛋白的碱性蛋白酶水解液，结果表明大米蛋白的胰蛋白酶和碱性蛋白酶复合酶解物具有较高的抗氧化活性，可用于功能食品。

（三）玉米蛋白来源的抗氧化肽

玉米是世界的主要粮食作物之一，是生产淀粉、酒精的主要原料。玉米蛋白作为玉米生产加工中的副产物，水溶性很差，主要作为饲料使用，利用率极低。研究表明，玉米蛋白含有较多组氨酸、亮氨酸等金属离子螯合力较强的氨基酸，是制备抗氧化肽的良好原料。王文等采用双酶分步酶解制备玉米胚芽蛋白水解液，利用膜分离对其进行初步纯化并测定其体外抗氧化活性，不同分子质量的蛋白质水解物均具有较强的自由基清除能力和一定的还原力。组分中小于3ku肽段对超氧阴离子自由基的清除效果较好，有望作为一种有效的抗氧化肽，在医药、食品和饲料等行业发挥应用优势。

二、动物蛋白质源抗氧化肽

（一）乳蛋白来源的抗氧化肽

乳品中含有多种抗氧化因子，研究发现，一些乳蛋白的酶解物或加入微生物的发酵产物具有抗氧化活性。表3-1为部分研究者通过酶解法获得的乳源抗氧化肽，表3-2为部分研究者通过微生物发酵法获得的乳源抗氧化肽。

乳源性抗氧化肽具有较强抗氧化能力，而且来源丰富，还具有安全性高、水溶性好、致敏性低等优点，因此在应用方面具有广阔的前景。

表3-1 酶解法获得乳源抗氧化肽

基质	酶	大小、序列等肽段特征	抗氧化活性
浓缩蛋白	胰蛋白酶、糜蛋白酶	分子质量<6ku	羟基、超氧自由基清除能力，总抗氧化能力
浓缩乳清蛋白	碱性蛋白酶、中性蛋白酶、复合蛋白酶	Leu-Gln-Lys-Trp Leu-Asp-Thr-Asp-Tyr-Lys-Lys	2.5 μmolTE/mg蛋白质
干酪乳清	碱性蛋白酶	分子质量<6ku	抗脂质过氧化能力
水牛乳酪蛋白	中性蛋白酶	分子质量<5ku	DPPH、羟基、超氧自由基清除能力，抗脂质过氧化能力，总抗氧化能力
骆驼乳酪蛋白	碱性蛋白酶、糜蛋白酶、木瓜蛋白酶	分子质量<5ku	DPPH、ABTS自由基清除能力，螯合Fe^{3+}能力
骆驼乳	胃蛋白酶、胰蛋白酶	NEDHNPGALGEPKVL PVPQQMVPYPRQ	DPPH、ABTS、羟基自由基清除能力，抗脂质过氧化能力

数据参考：杨丽娜，等。食品工业，2017（7）：263-266。

表3-2 微生物发酵制备抗氧化肽

基质	发酵菌种	抗氧化活性
牛乳	25株乳酸菌	ABTS自由基清除能力，抗脂质过氧化能力
酪蛋白	瑞士乳杆菌	DPPH、羟基、超氧自由基清除能力，还原能力，总抗氧化能力
牛乳清	保加利亚乳杆菌、嗜热链球菌	超氧自由基清除能力
牛乳	19株乳酸菌	ABTS自由基清除能力
牛乳、骆驼乳	骆驼乳中分离的乳酸菌	DPPH、ABTS自由基清除能力

资料来源：杨丽娜，等。食品工业，2017（7）：263-266。

（二）鸡蛋蛋白来源的抗氧化肽

鸡蛋来源丰富，是人类主要的食物营养蛋白质。卵白蛋白是鸡蛋综合利用的主要产物，是一种优质的蛋白质，同时也是获得抗氧化肽的良好资源。池福敏等采用碱性蛋白酶水解鸡蛋卵白蛋白，制备抗氧化活性肽，以水解度和超氧阴离子自由基清除率为指标，通过单因素实验和正交实验确定最佳酶解参数，并对酶解多肽的体外抗氧化活性进行了测定，为针对性地酶解藏鸡蛋卵白蛋白制备抗氧化多肽提供了依据。

（三）水产蛋白来源的抗氧化肽

许多研究者从海水鱼类、淡水鱼类、虾类、贝类、头足类等水产品的肌肉蛋白质或加工副产物的蛋白质中提取出了具有抗氧化活性的多肽，并对其进行了研究。Zamani等采用纯化的胰蛋白酶制备不同水解度的西鲱鱼肌肉蛋白质水解产物，并测定了其抗氧化活性。Wu等研究了由胃蛋白酶制备的四种鲤科鱼类（青鱼、草鱼、鲢鱼、鳙鱼）鱼皮蛋白质水解物的抗氧化性能。所有水解产物均具有较强的抗氧化活性，且随着样品浓度的增加，其活性呈现剂量依赖性。Ambigaipalan等从虾壳废弃物的蛋白质中酶解得到具有抗氧化能力的生物活性肽并对其进行了鉴定。Adriana等用四种不同的食品级酶制剂水解从贻贝加工副产物中提取的蛋白质，并评估了氧自由基吸收能力。所有测试的水解物都比完整的蛋白质显示出了更高的抗氧化活性。Salem等研究了章鱼蛋白水解物的体外抗氧化活性，采用商业Esperase酶水解得到的章鱼蛋白水解物具有最高的抗 β-胡萝卜素漂白的能力，采用从斑马鲇鱼中提取的碱性蛋白酶水解得到的章鱼蛋白水解物对羟基自由基致DNA链断裂损伤具有最好的保护作用。

第二节 抗氧化肽的制备方法

一、蛋白酶水解法

蛋白质经酸水解、酶水解都能得到抗氧化肽。酶促反应具有反应条件温和、易于控制、专一性强、副产物少等优点，因此多数研究者采用蛋白酶水解来制备抗氧化肽。

许多动植物蛋白质在适宜的条件下酶解多会产生抗氧化肽，植物蛋白质包括大豆蛋白、玉米醇溶蛋白、大米蛋白、麦胚蛋白等；动物蛋白质包括乳蛋白、鱼类蛋白、鸡蛋蛋白、骨胶原蛋白、血浆蛋白等。不同底物经酶解后得到的抗氧化肽结构、氨基酸组成、数目、排列顺序都存在差异，这些差异直接影响抗氧化肽的抗氧化活性。

除了底物之外，水解酶种类的选择对水解产物的抗氧化活性同样影响显著。目前选用的酶大多数为碱性蛋白酶；来自植物的木瓜蛋白酶、菠萝蛋白酶；来自动物的胰蛋白酶、胃蛋白酶；以及来自枯草芽孢杆菌、地衣芽孢杆菌等微生物所产生的蛋白酶。表3-3列举了部分研究者采用酶解法制备抗氧化肽所用的原料和水解酶。

表3-3 蛋白酶水解法制备抗氧化肽

原料	蛋白酶
牛蛙皮蛋白	碱性蛋白酶
猪皮胶原蛋白	枯草芽孢杆菌、链霉菌蛋白酶
芸苔种子隆突蛋白	胰蛋白酶、羧肽酶
麦麸蛋白	木瓜蛋白酶
大豆分离蛋白	酸性蛋白酶

资料来源：张昊，等。食品科学，2008，29（4）：443-447。

二、发酵法

与蛋白酶水解法相比，发酵法制备抗氧化肽具有许多优点。发酵法将微生物产酶和酶水解两步合二为一，不需要酶的分离纯化步骤，生产工序少，成本低。原料经过发酵以后，在内源酶以及微生物的作用下，有机物质转变成了许多小分子类物质，例如氨基酸类、肽类或其他含氮类化合物。氨基酸和多肽对水解产物的抗氧化活性起着重要的作用，同时对发酵产物的风味具有一定贡献。表3-4列举了部分研究者采用发酵法制备抗氧化肽所用的原料和微生物。

表3-4 发酵法制备抗氧化肽

原料	微生物
乳清蛋白	乳酸菌
大豆分离蛋白	米曲霉
牦牛血	枯草芽孢杆菌
花生蛋白	枯草芽孢杆菌
鱼鳔	米曲霉

三、抗氧化肽的分离纯化

从目前报道的抗氧化肽来看，活性较强的都是一些分子质量比较小的肽。此外，在粗制的抗氧化肽产品中，酶解得到的肽的种类较多，肽的分子质量比较接近，具有活性的肽组分对外界的环境因素也比较敏感，因此分离纯化比较困难，需要采用多种分离技术连用的手段。

抗氧化肽的粗分离一般采用超滤技术，水解产物经超滤膜过滤，根据分子质量截留原理，将水解产物按照分子质量大小分成不同的肽片段，从而实现分离。超滤技术是具有效率高、能耗低、无相变、无需添加任何化学试剂、操作简便、条件温和等优点的一种膜分离技术，但超滤过程仅仅是按照分子质量大小进行分离，如果想要得到纯度更高的抗氧化肽，需要采用柱层析结合高效液相色谱等手段进行进一步分离，得到纯度较高的抗氧化肽之后，再通过质谱进行分子质量的测定，并推测其氨基酸的组成。

第三节 抗氧化肽活性的体外检测方法

在化学上，抗氧化是一个宽泛的概念。比如肽的抗氧化活性可表现在清除自由基、螯合金属离子以及还原能力等多个方面。因此，抗氧化肽体外活性评价的实验方法更是多种多样。但是，抗氧化肽各方面的抗氧化能力（自由基清除、金属离子螯合、抑制脂质过氧化、还原能力）彼此之间并不存在必然关系，这就需要在进行体外活性评价时应尽可能全面，或着重评价实验重点关注的抗氧化指标，并选择适当的实验方法。表3-5总结了部分学者对抗氧化肽活性的体外测定方法。下面，本节对目前常用的抗氧化肽体外评价指标及实验方法进行介绍。

表3-5 多肽抗氧化活性的体外测定方法

原料	处理方法	测定指标
黄斑纹鲹鱼肉	碱性蛋白酶、风味蛋白酶酶解	金属离子螯合能力、清除DPPH自由基、还原Fe^{3+}
巨型鱿鱼皮	胰蛋白酶酶解	抑制脂质过氧化、清除羟基自由基
牛乳	保加利亚乳杆菌发酵	清除DPPH自由基
酪蛋白	胰蛋白酶酶解	抑制脂质过氧化
文蛤肉	木瓜蛋白酶、酸性蛋白酶酶解	清除羟基自由基

资料来源：张昊，等。食品科学，2008，29（4）：443-447。

一、清除自由基

（一）清除超氧阴离子自由基

1．邻苯三酚自氧化法

邻苯三酚可以在碱性条件下自动氧化，不断释放出超氧阴离子，超氧阴离子可以进一步促进自氧化。在邻苯三酚自氧化30～40s后，有色中间产物的积累浓度和时间呈线性的关系，有色产物在325nm有强烈的光吸收。由于自氧化的速率依赖于超氧阴离子的浓度，清除超氧阴离子可以抑制自氧化反应，阻止中间产物的积累，从而反映了抗氧化肽清除超氧阴离子的能力。

2．氯化硝基四氮唑蓝法（NBT）

采用次黄嘌呤—黄嘌呤氧化酶体系产生超氧阴离子，超氧阴离子可以将NBT还原为蓝紫色的物质，产物稳定且不溶于水。若抗氧化肽可以清除超氧阴离子，就能降低NBT的还原程度，颜色变化程度减弱。用分光光度计测定其在560nm的吸光度，以吸光度的变化来间接判断抗氧化肽对超氧阴离子的清除作用。

3．细胞色素C还原法

采用次黄嘌呤–黄嘌呤氧化酶体系产生超氧阴离子，氧化型细胞色素C能被超氧阴离子还原为还原性细胞色素C，反应速率较稳定，还原产物吸收峰在550nm。一般先测定细胞色素C的还原速率作为对照实验，然后在相同的体系中加入抗氧化肽，如果抗氧化肽能与超氧阴离子作用而使超氧阴离子与细胞色素C的反应速度下降，则具有清除超氧阴离子的作用。

4. 电子自旋共振法（ESR）

次黄嘌呤–黄嘌呤氧化酶体系产生超氧阴离子，被自旋电子捕获剂DMPO（5，5-dimethyl-1-pyrroline-1-oxide）捕获，由此生成相对稳定的自由基加合物DMPO-OH，然后用ESR法进行测定，根据信号的强弱可以反映抗氧化肽清除超氧阴离子的能力。

（二）清除羟基自由基（•OH）

1. 水杨酸法

Fenton反应产生•OH，•OH氧化水杨酸得到2，3-二羟基苯甲酸，用其在510nm处的吸光度表示•OH的多少。吸光度与•OH的量成正比，反应体系中加入具有清除•OH作用的抗氧化肽即可降低其吸光度。

2. 铁氧化邻二氮菲法

Fenton反应产生•OH，•OH使邻二氮菲-Fe^{2+}氧化为邻二氮菲-Fe^{3+}，使邻二氮菲-Fe^{2+}在536nm处的最大吸收峰消失。根据536nm处吸光度的变化判断抗氧化肽清除•OH的能力。

3. 脱氧核糖法

采用Fe^{3+}-EDTA-抗坏血酸-过氧化体系产生•OH。在此方法中脱氧核糖作为•OH的攻击靶，脱氧核糖受•OH攻击后裂解，在酸性、加热的条件下可以与硫代巴比妥酸反应生成红色化合物，再用分光光度计在532nm处测定吸光度。

4. 电子自旋共振法（ESR）

DMPO（5，5-dimethyl-1-pyrroline-1-oxide）可以与Fenton反应产生的•OH生成加合物（DMPO-OH），该加合物可以通过ESR法进行测定。抗氧化肽与DMPO竞争•OH，减弱DMPO-OH的信号强度，从而反映抗氧化肽清除•OH的能力。

（三）清除DPPH自由基

DPPH自由基（2，2-dipenyl-1-picryl-hydrazyl）在517nm处有强吸收且在乙醇溶液

中呈现紫色，当抗氧化肽存在时，由于与其孤对电子配对使得吸收消失或减弱，其褪色程度和接受的电子数存在定量的关系，因此可以用分光光度计进行定量分析。

（四）清除ABTS自由基

ABTS自由基［2，2′-azino-bis（3-ethyl-benzothiazoline-6-sulfonate）］由过硫酸铵氧化作用产生单阳离子自由基ABTS•+，可以在734nm的最大吸收峰处形成一个蓝绿发色团。抗氧化肽加入到预先形成的ABTS•+中，过一段时间后，ABTS•+变为ABTS，这取决于抗氧化肽的抗氧化活性和浓度，以734nm处的吸光度来表示褪色的程度，以百分比表示ABTS•+的抑制率。

二、抑制脂质过氧化

脂类常作为被氧化底物用来测定样品的抗氧化活性。检测方法分为脂质氧化初期产物以及终产物的检测。每种检测方法各有其优缺点，实际检测时应该综合考虑。测定初期产物的方法有过氧化值法（PV）、共轭二烯氢过氧化物法、硫氰酸铁法（FTC）。测定终产物的方法有硫代巴比妥酸反应物法（TBARS）、顶空气相色谱法、茴香胺值法、羰基值法。硫代巴比妥酸反应物法是目前使用最普遍的方法。脂质过氧化的终产物主要为丙二醛（MDA），在酸性条件下丙二醛和硫代巴比妥酸（TBA）共热生成粉红色产物，通过分光光度法测定该产物在532nm波长下的吸光度，再通过计算出丙二醛的量从而得知脂质过氧化的情况。

三、金属离子螯合能力

过渡态的金属离子能催化不饱和脂质氧化过程中自由基的形成，而水解产生的多肽具有金属螯合能力，能够削弱脂质的氧化。因此可以用金属离子螯合能力来表示产品抗氧化肽的活性。

四、还原能力

（一）铁离子还原能力

铁离子还原能力法的原理是基于氧化还原的比色法。Fe^{3+}-TPTZ（三吡啶三嗪）在酸性条件下被抗氧化剂还原成Fe^{2+}-TPTZ，溶液变成深蓝色，在593nm处有强吸收。铁离子还原能力法快速简便，重复性好，不仅可以用于检测抗氧化肽的抗氧化能力，还可以用于检测食品、饮料、纯天然抗氧化剂的活性。

（二）循环伏安法

循环伏安法主要用于测定分子之间发生的电子转移，测得的是复杂混合物的总抗氧化能力，不能测定复杂混合物中单一组分。循环伏安法不可逆，灵敏度低，但结果可靠，重复性好，适于研究。

第四节 抗氧化肽的氨基酸组成与抗氧化作用机制

一、疏水氨基酸

疏水性氨基酸如丙氨酸、缬氨酸、亮氨酸等的非极性脂肪烃侧链能够加强抗氧化肽与疏水性多不饱和脂肪酸互作，含疏水性氨基酸的肽与氧结合或抑制脂质中氢的释放，延缓脂质氧化链反应，从而保护脂质体系、膜质的完整性，起到抗氧化的作用。

二、抗氧化氨基酸

单纯的氨基酸也有某些抗氧化活性，但多数情况下活性远低于其组成的抗氧化肽。因此，可以认为抗氧化肽的高生物活性源于肽链内氨基酸之间的短程相互作用。含巯基的半胱氨酸作为抗氧化剂能够和自由基直接作用，对肽的抗氧化活性具有重要的贡献。如图3-1所示，半胱氨酸等抗氧化剂能够通过提供氢原子和提供电子两种途径淬灭自由基。在提供氢原子途径中，抗氧化剂脱去一个H• 给自由基A•，原来的自由基A• 生成稳定化合物AH，而抗氧化剂自身转变为比较稳定的自由基B•，不易引发新的自由基链式反应，从而使链反应终止。而在提供电子途径中，淬灭反应需要电子转移和质子转移两步来完成。与此类似，在含甲硫氨酸的抗氧化肽中，甲硫氨酸易被氧化成甲硫氨酸亚砜，后者可被甲硫氨酸亚砜还原酶还原成甲硫氨酸，通过两者之间的转换发挥其抗氧化作用，且在生理pH下，甲硫氨酸与氧化剂也会发生作用。因此，含甲硫氨酸的抗氧化肽也是有效的体内抗氧化剂。

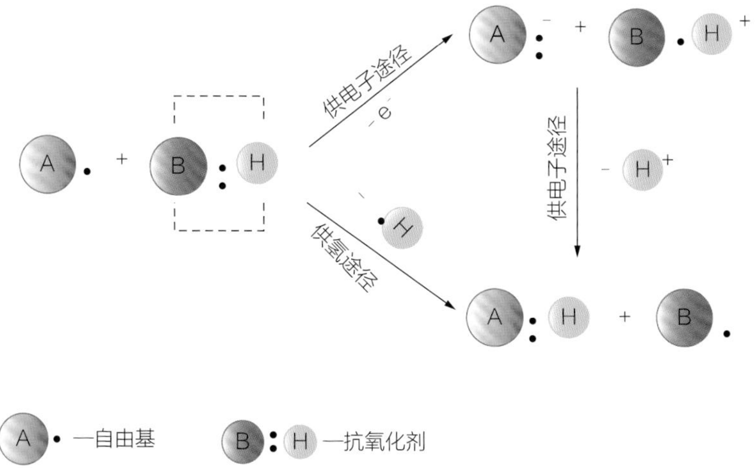

图3-1 抗氧化剂与自由基反应机制示意图

资料来源：Liang N，et al。Molecules，2014，19（11）：19180-19208。

三、酸性氨基酸

抗氧化肽和蛋白质酶解物的电荷性质也是影响其抗氧化活性的一个因素。例如，猪肌原纤维蛋白的木瓜蛋白酶酶解物中酸性组分的抗氧化活性强于中性和碱性组分，从中分离鉴定出的抗氧化肽的氨基酸序列中含有多个氨基酸残基。酸性氨基酸侧链羧基与金属离子互作钝化金属离子的氧化作用，减弱自由基链反应，从而达到抗氧化的效果。

第五节 抗氧化肽在细胞实验和动物实验中的研究进展

最近几年，越来越多的研究者采用细胞损伤模型评估抗氧化活性。氧化作用在细胞的损伤死亡中扮演重要角色，通过添加抗氧化肽对抗细胞中产生的氧化作用，能够提高细胞的成活率。

与此同时，通过体内实验验证抗氧化肽的抗氧化性，是活性评估中最重要的一环。通常将受试物连续饲喂大鼠或小鼠1～3月，然后处死，测定其血或组织（如肝、脑）中的丙二醛（MDA）、单胺氧化酶（MAO-B）及超氧化物歧化酶（SOD）、谷胱甘肽过氧化物酶（GSH-Px）及过氧化氢酶（CAT），同对照组比较，若MDA、MAO-B降低，

SOD、GSH-Px、CAT等升高，则说明受试物具有抗氧化能力。

一、蛋清抗氧化肽的活性评价

陈志飞采用H_2O_2氧化诱导损伤的HEK293细胞模型来评价蛋清肽的氧化应激抑制活性。预先使用不同浓度的蛋清肽（1、10、20μmol/L）孵育细胞24h，之后再用终浓度为400μmol/L的H_2O_2刺激细胞24h。最终评价结果如图3-2所示，未加蛋清肽的损伤组细胞存活率仅为对照组的（48.5±2.3）%，有显著性差异（$p<0.01$）；使用不同序列蛋清源五肽处理的细胞，相较于损伤组，细胞存活率均有一定的提高，说明蛋清肽对H_2O_2氧化诱导损伤的 HEK293细胞均有一定保护作用，表现出了氧化应激抑制活性。

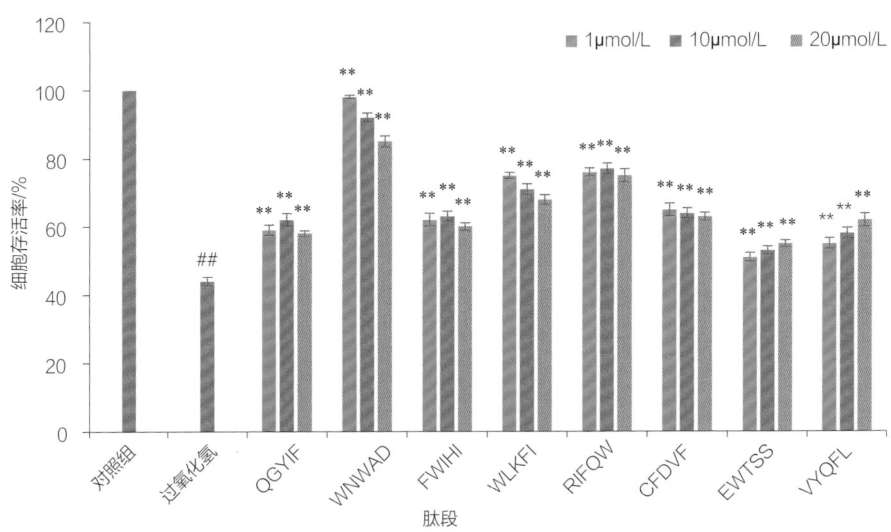

图3-2　蛋清源五肽对H_2O_2诱导损伤HEK293细胞的保护作用

注：##与对照组相比差异极显著（$p<0.01$）；**与损伤组相比差异极显著（$p<0.01$）。

资料来源：陈志飞。蛋清抗氧化肽对HEK293细胞氧化应激损伤的抑制作用及机制研究［D］，吉林大学，2015，41。

二、酪蛋白抗氧化肽的活性评价

庞佳楠研究了酪蛋白水解物对乙醇诱导氧化损伤的肝细胞HHL-5的保护作用，结果如图3-3所示。其中不同浓度的酪蛋白水解物，随着时间的延长，保护作用存在时效依赖性。

在一定的作用时间（24h），酪蛋白水解物的浓度越高，保护作用效果越明显。在作用时间为48和72h时，同种酪蛋白水解物对HHL-5的保护作用随时间的增加而增强。其中乙醇模型组的活细胞比率为74.05%，在保护48h时，给药组的活细胞比率为99.46%（$p<0.05$）。

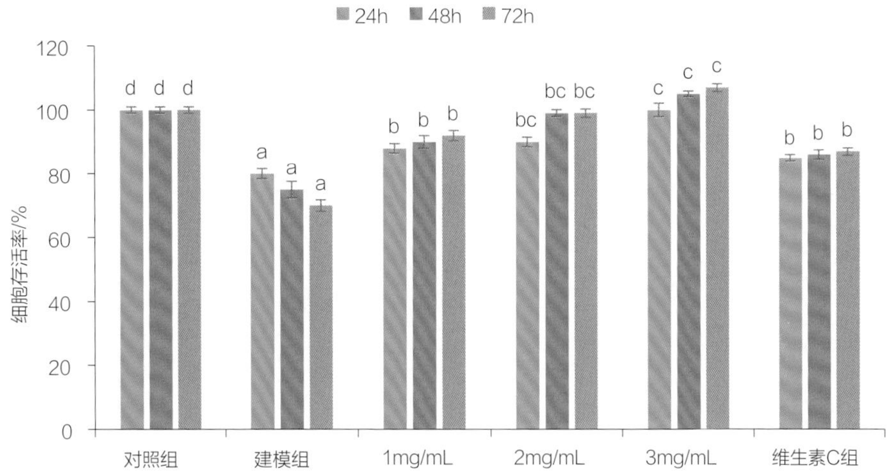

图3-3　酪蛋白水解物对乙醇诱导损伤HHL-5细胞的细胞存活率的影响

注：相同小写字母代表差异不显著（$p>0.05$）。

资料来源：庞佳楠。抗氧化肽对乙醇诱导HHL-5肝细胞损伤的保护作用的研究［D］，东北农业大学，2017。

三、麦胚抗氧化肽的活性评价

孙威研究了麦胚抗氧化肽（RVF）对H_2O_2诱导SH-SY5Y细胞氧化损伤的保护作用，如图3-4所示，与模型组相比，RVF预孵育1h细胞存活率没有显著提高；而孵育时间延长至2h时，低浓度的RVF干预组无明显保护效果，中、高浓度时保护作用逐渐增强（$p<0.05$）；孵育4h后细胞存活率较2h又有进一步提高，在低浓度即表现出良好的保护作用（$p<0.05$），中、高浓度时更加显著（$p<0.01$），说明RVF孵育时间与细胞存活率存在一定的时间依赖性；RVF对H_2O_2诱导SH-SY5Y细胞氧化损伤具有很好的保护作用。

四、发酵菜粕抗氧化肽的活性评价

张韦唯研究了发酵菜粕抗氧化肽（RP_1）对小鼠血清脂质过氧化水平的影响，不同组小鼠血清中GSH-Px、总超氧化物歧化酶（T-SOD）活力和MDA含量如表3-6所示。模型组小鼠T-SOD、GSH-Px活力显著低于正常组（$p<0.05$），MDA含量高于正常组，但无显著性差异。相比于模型组，RP_1不同剂量组小鼠血清T-SOD、GSH-Px活力均有不同程度的上升，其中T-SOD的酶活均显著提高（$p<0.05$），RP_1中、高剂量组GSH-Px活力存在显著性差异（$p<0.05$）。这说明RP_1对D-半乳糖氧化损伤的小鼠血清抗氧化能力具有较好的改善作用。

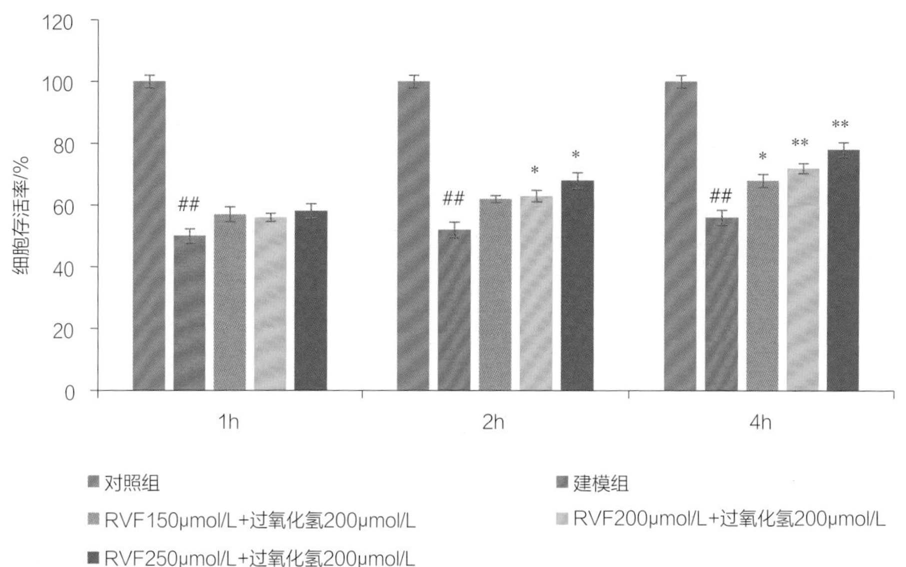

图3-4 麦胚抗氧化肽（RVF）孵育时间对细胞存活率的影响

注：##与对照组相比差异极显著（$p<0.01$）；*与损伤组相比差异显著（$p<0.05$）；**与损伤组相比差异极显著（$p<0.01$）

资料来源：孙威。麦胚抗氧化肽RVF对SH-SY5Y细胞氧化损伤的保护作用及其机理研究［D］，长沙理工大学，2013，19。

表3-6 RP_1灌胃对小鼠血清T-SOD、GSH-Px活力和MDA含量的影响 单位：U/mL

组别	MDA	GSH-Px	T-SOD
正常组	4.20 ± 0.35^{a}	562.96 ± 46.26^{bc}	262.58 ± 18.68^{de}
模型组	5.72 ± 0.89^{a}	424.44 ± 68.11^{a}	198.27 ± 34.88^{b}
RP_1低剂量组	5.65 ± 0.73^{a}	474.67 ± 61.09^{a}	204.99 ± 31.16^{a}
RP_1中剂量组	4.43 ± 0.30^{a}	617.90 ± 106.10^{cd}	253.55 ± 32.48^{cde}
RP_1高剂量组	3.75 ± 0.60^{a}	639.62 ± 119.16^{d}	270.16 ± 31.59^{e}
大豆肽组	3.98 ± 0.16^{a}	637.36 ± 214.34^{d}	218.91 ± 12.39^{bcd}

续表

组别	MDA	GSH-Px	T-SOD
肌肽组	4.17 ± 0.50[a]	418.18 ± 104.23[a]	234.77 ± 8.57[bc]

注：同一列中的相同小写字母表示差异不显著（$p > 0.05$）。
资料来源：张韦唯。发酵菜粕抗氧化肽的提取分离、模拟消化吸收和抗衰老作用研究［D］，江苏大学，2007。

五、蓝点马鲛鱼皮抗氧化肽的活性评价

张昱等研究了蓝点马鲛鱼皮抗氧化肽Fraction Ⅱ对大鼠肝脏抗氧化酶活性和MDA含量的影响，结果如表3-7所示。SOD、GSH-Px变化趋势相似，Fraction Ⅱ高剂量组效果最好，与低、中剂量组差异显著（$p < 0.05$）。Fraction Ⅱ高剂量组CAT活性显著高于低、中剂量组（$p < 0.05$），但不如阳性对照组效果好（$p < 0.05$）。Fraction Ⅱ高剂量组MDA水平与正常对照组无显著差异（$p > 0.05$），并且比低、中剂量组分别降低了141.00和118.81nmol/mg（$p < 0.05$）。这说明抗氧化肽Fraction Ⅱ对提高肝细胞抗氧化酶活性和减轻脂质过氧化有较好效果，并呈量效依赖关系。

表3-7 蓝点马鲛鱼皮抗氧化肽Fraction Ⅱ对大鼠肝脏抗氧化酶活性和MDA含量的影响

组别	SOD/(U/mg)	GSH-Px/(U/mg)	CAT/(U/mg)	MDA/(nmol/mg)
正常对照组	225.97 ± 4.76[b]	175.63 ± 3.69[h]	391.63 ± 8.87[c]	137.23 ± 2.55[d]
阴性对照组	152.00 ± 3.72[e]	117.00 ± 2.91[e]	230.27 ± 4.56[f]	350.93 ± 5.40[a]
50 mg/kg Fraction Ⅱ	195.43 ± 3.05[d]	127.40 ± 1.85[d]	260.00 ± 7.84[e]	279.83 ± 3.09[b]
100 mg/kg Fraction Ⅱ	207.17 ± 3.05[c]	142.00 ± 4.70[c]	349.17 ± 6.36[d]	257.64 ± 6.12[c]
200 mg/kg Fraction Ⅱ	236.27 ± 3.09[ab]	182.23 ± 3.78[ab]	477.90 ± 9.81[b]	138.83 ± 5.78[d]
阳性对照组	244.97 ± 6.08[a]	190.73 ± 5.23[a]	564.77 ± 5.61[a]	117.30 ± 4.23[e]

注：同一列中有相同小写字母表示差异不显著（$p > 0.05$）。
资料来源：张昱，等。水产学报，2017，41（6）：944-951。

六、吉林人参低聚肽（GOP）的活性评价

任金威等研究了吉林人参低聚肽（GOP）对过氧化损伤模型大鼠血清、肝组织抗氧化酶活力和抗氧化物质含量的影响，由表3-8可知，与空白对照组相比，模型对照组大鼠血清和肝脏SOD、GSH-Px水平均无显著变化（$p > 0.05$），差异无统计学意义。与模型对照组相比，乳清蛋白组大鼠血清和肝脏SOD、GSH-Px水平均无显著变化（$p >$

0.05），差异无统计学意义；GOP E剂量组大鼠血清SOD水平增高极显著（$p<0.01$）；GOP C、D、F剂量组大鼠肝脏SOD水平显著增高（$p<0.05$），其中GOP D、F剂量组大鼠肝脏SOD水平增高极显著（$p<0.01$）；GOP D、F剂量 组大鼠肝脏GSH-Px水平显著（$p<0.05$）增高。

表3-8 GOP对过氧化损伤模型大鼠血清、肝脏SOD活力、GSH-Px浓度的影响

组别	剂量/[g/(kg·bw)]	血清		肝脏	
		SOD/(U/L)	GSH-Px/(pmol/mL)	SOD / (U/L)	GSH-Px/(pmol/mL)
空白对照组	0	141.8±18.4	22.3±2.90	142.4±19.4	23.8±1.77
模型对照组	0	127.5±14.5	24.7±2.51	132.9±15.0	24.8±2.05
乳清蛋白组	0.2500	136.3±19.6	23.1±2.13	137.0±10.2	25.8±3.81
GOP A组	0.0625	123.0±11.6	26.2±1.86^{a*c}	134.7±14.7	25.5±2.40
GOP B组	0.1250	132.4±17.7	23.2±2.00	140.4±6.5	26.2±2.51
GOP C组	0.2500	141.7±19.5	25.2±2.58^{a}	148.7±7.7^{b}	22.9±2.11^{c}
GOP D组	0.5000	133.1±18.4	25.3±2.93^{a}	150.3±9.7^{b*c}	28.1±3.15^{a*b}
GOP E组	1.0000	162.3±15.1^{ab*c*}	25.4±3.49^{a}	139.9±14.8	26.6±3.95^{a}
GOP F组	2.0000	129.8±17.7	26.3±3.23^{a*c}	150.8±10.4^{b*c}	28.2±1.46^{a*b}

注：a与空白对照组相比差异显著（$p<0.05$）；a*与空白对照组相比差异极显著（$p<0.01$）；b与模型对照组相比差异显著（$p<0.05$）；b*与模型对照组相比差异极显著（$p<0.01$）；c与乳清蛋白组相比差异显著（$p<0.05$）；c*与乳清蛋白组相比差异极显著（$p<0.01$）。
资料来源：任金威，等。食品科学，2017，38（21）：195-200。

由表3-9可知，与空白对照组相比，模型对照组大鼠血清和肝脏GSH水平均无显著变化（$p>0.05$），差异无统计学意义。与模型对照组相比，乳清蛋白组大鼠血清和肝脏GSH水平均无显著变化（$p>0.05$），差异无统计学意义；GOP C剂量组大鼠血清GSH水平显著增高（$p<0.05$）；GOP各剂量组大鼠肝脏GSH水平均无显著变化（$p>0.05$），差异无统计学意义。

表3-9 GOP对过氧化损伤模型大鼠血清、肝脏抗氧化物质含量的影响

组别	剂量/[g/(kg·bw)]	血清 GSH/(ng/L)	肝脏 GSH/(ng/L)
空白对照组	0	415.2±45.1	425.9±64.7
模型对照组	0	424.5±79.2	416.8±109.5
乳清蛋白组	0.2500	413.3±28.0	423.5±28.5

续表

组别	剂量 /[g/(kg·bw)]	血清 GSH/(ng/L)	肝脏 GSH/(ng/L)
GOP A组	0.0625	367.7±80.9	436.4±93.2
GOP B组	0.1250	429.1±60.4	416.9±61.7
GOP C组	0.2500	502.9±55.2[abc]	434.0±105.8
GOP D组	0.5000	423.6±94.6	458.7±67.1
GOP E组	1.0000	429.9±92.4	372.5±102.0
GOP F组	2.0000	399.1±58.3	443.0±75.0

注：a与空白对照组相比差异显著（$p<0.05$）；b与模型对照组相比差异显著（$p<0.05$）；c与乳清蛋白组相比差异显著（$p<0.05$）。
资料来源：任金威，等。食品科学，2017，38（21）：195-200。

第六节 抗氧化肽的发展现状与前景展望

一、抗氧化肽的发展现状

目前，抗氧化肽在食品工业、化妆品工业和医药工业中具有广泛的应用。

（一）在食品工业中的应用

随着生活水平的提高，人们对食品安全的要求也越来越高。食品在加工储藏及运输过程中，不可避免地会与空气中的氧发生氧化反应，造成食品质量的下降。为了延缓食品氧化现象，食品加工过程中常常加入人工合成的抗氧化剂。出于对食品安全的考虑，人工合成的抗氧化剂如BHA、BHT、TBHQ的添加量受到严格的限制。同时，一些天然的抗氧化剂成本较高且对食品的风味产生很大的影响，应用同样受到限制。相比之下，抗氧化肽可以避免以上的缺陷，广泛地应用于鱼类、肉类、海鲜、乳制品和罐头的加工；同时也可以添加到水果、蔬菜及饮料等食品中。此外，植物源的抗氧化肽还具有清除自由基、防止脂质过氧化的功效，不仅可以作为食品添加剂，同样可以作为食品、保健品来使用，起到预防多种疾病的作用。

（二）在化妆品工业中的应用

人的皮肤由于紫外线的照射以及氧化会出现色素沉积、粗糙、发皱等现象，皮肤变得老化，其重要原因是自由基的作用。光照会在体内或皮肤内产生大量的自由基，引起皮肤的损伤或衰老。如果能及时清除或者抑制自由基的产生，就能够延缓皮肤的衰老，保持皮肤光泽。因此，将抗氧化肽适当地加入化妆品当中，可以使皮肤永葆青春光泽，抵抗衰老。同时抗氧化肽还能防止化妆品自身的氧化，防止化妆品褪色。

（三）在医药工业中的应用

越来越多的研究表明，在人体衰老和疾病发生的过程中，氧化起到了极大的作用。这些疾病的发生因素是脂质过氧化及在后期的氧化过程中产生的低分子质量化合物。自由基是许多代谢紊乱的重要原因，事实上人类所患的所有疾病都涉及一些亚细胞水平上的氧化，许多疾病明显与自由基有关。抗氧化肽可用作开发抗氧化药物，并且作为功能因子用于保健品的开发。随着自由基生命科学的发展和抗氧化机制的深入，抗氧化活性肽在医药领域将具有很好的发展前景和优势。

二、抗氧化肽的发展趋势

抗氧化肽具有多方面的用途，开展相关的研究具有很高的经济效益。但在研究过程当中，还有一些问题需要解决。在我国，制备抗氧化肽的酶纯度以及活性和一些国家相比还存在差距，并且得到的抗氧化肽分子质量较大。相比之下，低分子质量的肽抗氧化活性更好，这就对分离纯化技术提出了更高的要求。抗氧化肽活性的测定方法有很多，但是并没有统一的标准，使得不同研究者得到的结论缺乏可比性，应进一步制定一个相对统一的标准。抗氧化肽体外活性的测定研究相对较多，而对于体内抗氧化机制的研究相对较少，应进一步进行动物实验和临床试验等研究抗氧化肽的体内活性，并比较体内活性与体外活性之间的差异及相互联系，且抗氧化肽的单一组分及复合组分的协同作用或拮抗作用也有待研究。最重要的是，在评价抗氧化肽对人体有益方面的同时，也不能忽视它们的副作用，这些副作用（细胞毒性、变态反应等）有的可能是抗氧化肽本身自带的，要进行更深层次的研究。

参考文献

[1] 包怡红，李锐达．发酵法制备乳清抗氧化活性肽的研究［J］．中国食品学报，2010，10（3）：21-26.

[2] 闭秋华．水牛乳抗氧化活性多肽的研究［D］．广西大学，2012.

[3] 池福敏，水雨航，江帆，等．藏鸡蛋卵白蛋白酶解制备抗氧化肽及其体外抗氧化活性［J］．江苏农业科学，2017，45（3）：144-147.

[4] 陈志飞．蛋清抗氧化肽对HEK293细胞氧化应激损伤的抑制作用及机制研究［D］．长春：吉林大学，2015.

[5] 霍建新，原慧艳，王燕，等．干酪乳清酶解产物抗氧化肽的分离和纯化［J］．食品科学，2015，36（13）：172-177.

[6] 刘文颖，谷瑞增，鲁军，等．大豆低聚肽中抗氧化肽的分离纯化及结构鉴定［J］．食品与发酵工业，2017，43（2）：44-48.

[7] 庞佳楠．抗氧化肽对乙醇诱导HHL-5肝细胞损伤的保护作用的研究［D］．哈尔滨：东北农业大学，2017.

[8] 彭斓兰，陈季旺，蔡俊，等．大米蛋白的复合酶解及酶解物的体外抗氧化活性［J］．武汉轻工大学学报，2017，36（3）：14-22.

[9] 任金威，李迪，陈启贺，等．吉林人参低聚肽的抗氧化作用［J］．食品科学，2017，38（21）：195-200.

[10] 孙威．麦胚抗氧化肽RVF对SH-SY5Y细胞氧化损伤的保护作用及其机理研究［D］．长沙理工大学，2013.

[11] 王健，叶波平．超滤技术在蛋白质分离纯化中的应用［J］．药学进展，2012，36（3）：116-122.

[12] 王立平．瑞士乳杆菌酪蛋白源活性肽制备及其生理功效研究［D］．北京林业大学，2008.

[13] 王文，黄继红，杨铭乾，等．玉米胚芽蛋白水解物的制备及其抗氧化活性研究［J］．食品工业，2016（6）：47-52.

[14] 谢宁宁，陈小娥，方旭波，等．水产抗氧化肽研究进展［J］．浙江海洋学院学报：自然科学版，2010，29（1）：74-80.

[15] 杨丽娜，葛武鹏，万金敏，等．乳源性抗氧化肽的研究进展［J］．食品工业，2017（7）：263-266.

[16] 张昊，任发政．天然抗氧化肽的研究进展［J］．食品科学，2008，29（4）：443-447.

[17] 张韦唯．发酵菜粕抗氧化肽的提取分离、模拟消化吸收和抗衰老作用研究［D］．镇江：江苏大学，2017.

[18] 张昱，彭新颜，黄萍萍，等．蓝点马鲛鱼皮抗氧化肽Fraction II对D-Gal诱导氧化损伤大鼠肝脏的保护作用［J］．水产学报，2017，41（6）：944-951.

[19] Ambigaipalan P, Shahidi F. Bioactive peptides from shrimp shell processing discards: Antioxidant and biological activities [J]. Journal of Functional Foods, 2017(34): 7-17.

[20] Ben S S R, Bkhairia I, Abdelhedi O, et al. Octopus vulgaris protein hydrolysates:

characterization, antioxidant and functional properties [J]. Journal of Food Science and Technology, 2017, 54(6): 1442-1454.

[21] Berlett B S, Stadtman E R. Protein oxidation in aging, disease, and oxidative stress [J]. Journal of Biological Chemistry, 1997, 272(33): 20313-20316.

[22] Homayouni-Tabrizi M, Shabestarin H, Asoodeh A, et al. Identification of two novel antioxidant peptides from camel milk using digestive proteases: impact on expression gene of superoxide dismutase (SOD) in hepatocellular carcinoma cell line [J]. International Journal of Peptide Research & Therapeutics, 2016, 22(2): 187-195.

[23] Kumar D, Chatli M K, Singh R, et al. Antioxidant and antimicrobial activity of camel milk casein hydrolysates and its fractions [J]. Small Ruminant Research, 2016 (139): 20-25.

[24] Liang N, Kitts D D. Antioxidant property of coffee components: assessment of methods that define mechanisms of action [J]. Molecules, 2014, 19(11): 19180-19208.

[25] Neves A C, Harnedy P A, Fitzgerald R J. Angiotensin converting enzyme and dipeptidyl peptidase-IV inhibitory, and antioxidant activities of a blue mussel (*Mytilus edulis*) meat protein extract and its hydrolysates[J]. Journal of Aquatic Food Product Technology, 2016, 25(8): 1221-1233.

[26] Pan D, Guo Y, Jiang X. Anti-fatigue and antioxidative activities of peptides isolated from milk proteins [J]. Journal of Food Biochemistry, 2011, 35(4): 1130-1144.

[27] Ramesh V, Kumar R, Singh R R B, et al. Comparative evaluation of selected strains of *Lactobacilli* for the development of antioxidant activity in milk[J]. Dairy Science & Technology, 2012, 92(2): 179-188.

[28] Soleymanzadeh N, Mirdamadi S, Kianirad M. Antioxidant activity of camel and bovine milk fermented by lactic acid bacteria isolated from traditional fermented camel milk (Chal) [J]. Dairy Science & Technology, 2016, 96(4): 1-15.

[29] Virtanen T, Pihlanto A, Akkanen S, et al. Development of antioxidant activity in milk whey during fermentation with lactic acid bacteria[J]. Journal of Applied Microbiology, 2007, 102(1): 106.

[30] Wu X, Cai L, Zhang Y, et al. Compositions and antioxidant properties of protein hydrolysate from the skins of four carp species[J]. International Journal of Food Science & Technology, 2016, 50(12): 2589-2597.

[31] Zamani A, Madani R, Rezaei M, et al. Antioxidative activity of protein hydrolysate from the muscle of common kilka (*Clupeonella cultriventris caspia*) prepared using the purified trypsin from common kilka intestine[J]. Journal of Aquatic Food Product Technology, 2016, 26(1): 2-16

第四章 肽与降血压

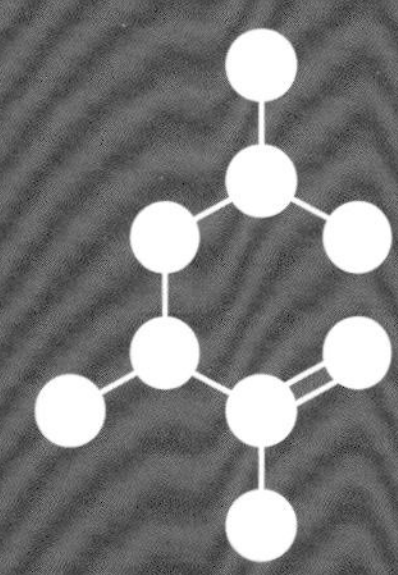

高血压是全球范围的健康问题，世界范围内有接近30%的成年人深受高血压疾病困扰（以2014年数据为例，图4-1阐明了全球成年男性的高血压患病情况）。高血压以体循环动脉血压（收缩压和/或舒张压）的增高为主要特征（收缩压≥140mmHg，舒张压≥90mmHg）。高血压的病理生理学原因很复杂，该病的发展源于基因，环境和其他因素间复杂的相互作用，而其他因素又包括交感神经系统活动增加，长期高钠摄入，饮食中钾和钙的摄入不合理，内皮机能失调，血管炎症造成的血管阻力异常，血管生长因子活性升高以及细胞离子通道改变。研究表明，高血压不经控制可能会导致包括心脑血管疾病（如冠心病、中风、充血性心力衰竭、心律不齐等）在内的多种并发症（如图4-2）的发病率提高，进而可能导致患者寿命缩短。2015年6月30日国务院新闻办发布的《中国居民营养与慢性病状况报告（2015年）》显示：目前我国心血管病患病人数约2.9亿人，其中高血压患病人数约2.7亿人，中国18岁以上居民高血压患病率为25.2%，即每4个成人中就有1人是高血压患者。

目前，已有许多药物应用于降血压，如已用于治疗人类原发性高血压和心力衰竭的卡托普利、依那普利、阿尔西普利和赖诺普利。然而，这些合成药物都具有某些副作用，如导致咳嗽、味觉障碍、皮疹或血管神经性水肿。因此，研究和开发安全、创新和经济的降血压物质对于预防和治疗高血压是十分必要的。

食源性蛋白质一般包含几个特殊的肽序列，当它们在原蛋白质中与其他氨基酸连接时是无活性的。但是这些肽通过酶水解、胃肠消化和食品加工等途径得以从原蛋白质中释放时，则显示出生物学活性。根据已发表的文献资料，人们从牛乳、鱼类、肉类、谷类、豆类等多种食物中均已制备和分离筛选出具有抗高血压活性的天然肽类。在不同

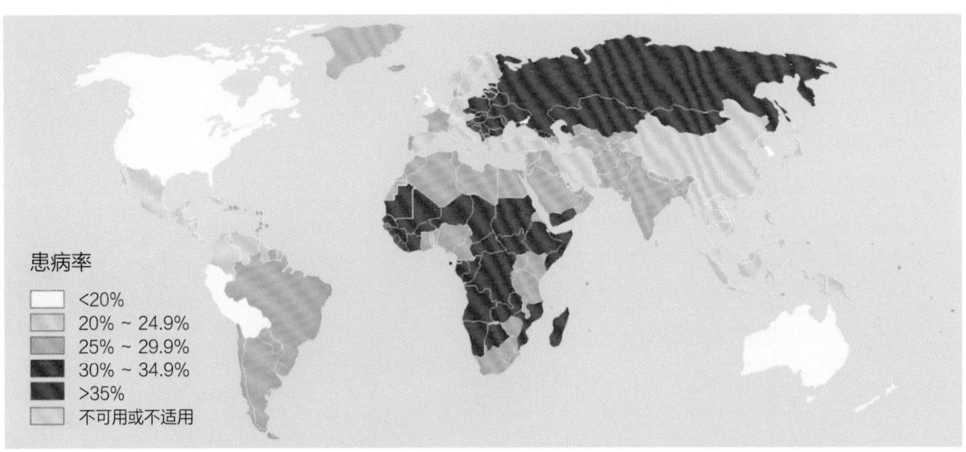

图4-1　2014年全球成人男性高血压患病率图

资料来源：https://en.wikipedia.org/wiki/Hypertension#/media/File: Hypertension_World_Map_Men_2014.png。

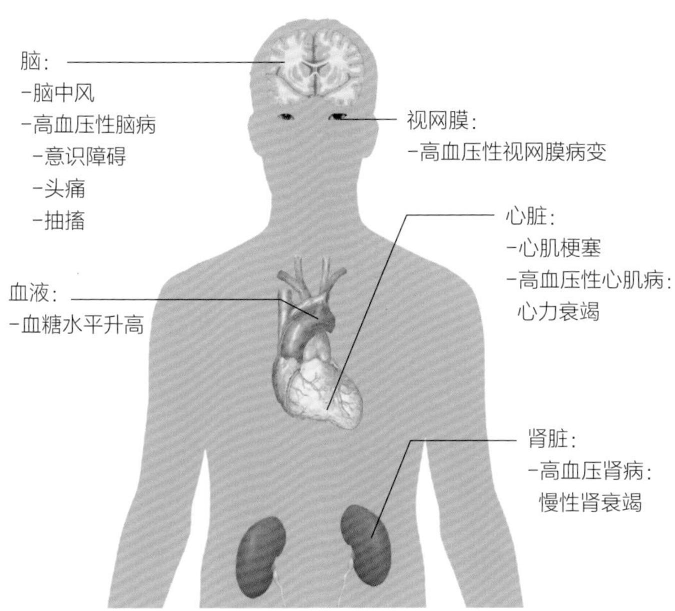

图4-2 **持续性高血压的主要并发症**

资料来源：https://en.wikipedia.org/wiki/Hypertension#/media/File:Main_complications_of_persistent_high_blood_pressure.svg。

类型的抗高血压生物活性肽中，血管紧张素转化酶（Angiotensin-I-Converting Enzyme，ACE）抑制肽在预防和控制高血压方面上的潜能得到了广泛研究。ACE是通过血管紧张素系统（Renin–Angiotension System，RAS）调节血压的一个关键酶。血管紧张素II（Angiotensin-II，Ang-II）是一种强力的血管收缩物，与高血压的发展有关。ACE会促进Ang-II形成。能够抑制ACE活性的靶向药物被证明可以有效降低血压。但是，食物来源的ACE抑制物由于没有药物相关的副作用，往往被认为比药物安全性高。为充分理解ACE抑制肽在血压调节中的重要作用，我们首先通过本章第一节了解机体血压的调节机制。

第一节 机体降压作用机制

迄今为止，在对原发性高血压大鼠（Spontaneously Hypertensive Rat，SHR）模型的研究中，已经报道过几种食源性蛋白质衍生的抗高血压肽具有显著的抗高血压活性。

根据现有的科学证据，可以得出食物蛋白质衍生肽可能通过多种机制途径发挥抗高血压作用，包括ACE抑制、AT_1受体阻断、肾素抑制、Ca^{2+}通道阻断、类鸦片活性、内皮素转换酶抑制等。表4-1列举了不同肽的血管舒张机制。

表4-1 食源生物活性肽在原发性高血压大鼠中的降压活性和血管舒张机制

机制	食物	序列	使用剂量/［mg/（kg·bw）］	收缩压（SBP）下降/（mmHg）	参考文献
AT_1受体阻断剂	鸡蛋	RVPSL	50	25	Yu et al., 2014
Ca^{2+}通道阻断剂	鱼	VY	10	18.5	Matsui et al., 2003
前列环素（PGI_2）激活物	菜籽	RIY	7.5	28	Yamada et al., 2011
	菠菜	MRW	5	20	Zhao et al., 2008
肾素抑制剂	鸡蛋	RVPSL	50	25	Yu et al., 2014
内皮型一氧化氮合酶（eNOS）上调	牛乳	IPP	0.3	28.3	Yamaguchi et al., 2009
		VPP	0.6	32.1	Yamaguchi et al., 2009
	鸡蛋	IRW	15	40	Majumder et al., 2010

一、血管紧张素转换酶（ACE）抑制

图4-3表明了血管紧张素转换酶（ACE）参与的两种与血压调控相关的系统，包括肾素-血管紧张素系统（RAS）和激肽释放酶-激肽系统（Kallikrein Kinin System，KKS）。人体血压主要由RAS调节，由两种重要的蛋白酶——肾素和ACE维持。肾素是一种37ku的酶，其可以水解血管紧张肽原（一种在肝中合成的55ku的蛋白质）的特定肽键以产生无生理活性的血管紧张素Ⅰ（Angiotensin-Ⅰ，Ang-Ⅰ）。然后，ACE裂解二肽将Ang-Ⅰ转化为血管紧张素Ⅱ（Angiotensin-Ⅱ，Ang-Ⅱ）。Ang-Ⅱ通过结合两种G蛋白偶联的受体（AT_1和AT_2）来调节其生物功能。AT_1受体与AT_2受体在氨基酸组成上有部分相同，但是这两种受体的生物功能不同。AT_1受体与血管收缩、炎症、生长和纤维化有关。AT_2受体与细胞凋亡和血管舒张有关。因此，抑制ACE和阻断AT_1受体可以控制血压。

在KKS中，ACE可使血管舒张肽缓激肽失活。缓激肽通过两种不同的受体起作用，1型（B_1）和2型（B_2）。两种受体均诱导内皮细胞产生一氧化氮（NO）。此外，B_2受体还会激活磷脂酶A_2，释放花生四烯酸，产生多种血管扩张剂，包括前列环素。因此，抑制ACE有利于提升血管舒张缓激肽的活性，从而有利于刺激血管舒张，降低血压。表4-2列举了几种不同来源的ACE抑制肽。

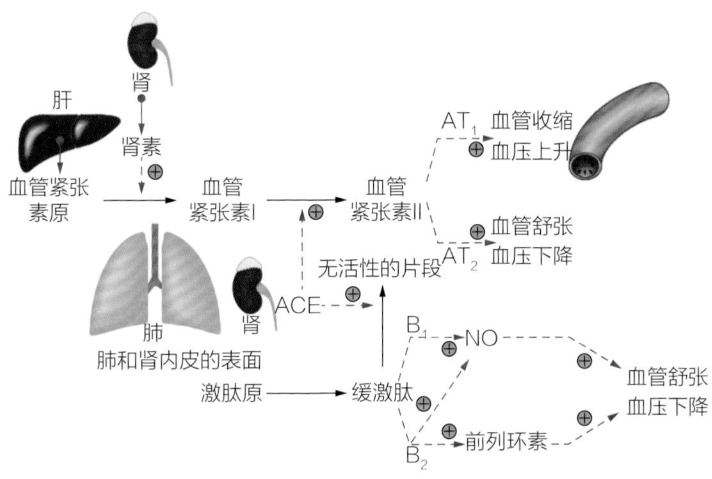

图4-3　肾素-血管紧张素系统（RAS）和激肽释放酶-激肽系统（KKS）调节血压机制

资料来源：https://en.wikipedia.org/wiki/Renin%E2%80%93angiotensin_system#/media/File: Renin-angiotensin-aldosterone_system.svg。

表4-2 食物源ACE抑制肽的举例　　单位：μmol/L

来源	序列	半数抑制浓度（IC_{50}）
鲣	IY、IW、IWH、IKP、LKP、VRP、ILP、LRP、IRP、LKPNM、IWHHT、IRPVQ、ALPHA、GVYPHK、ILPLNY、SVALLEK、IVGRPRHQG	2.1、5.1、3.5、1.6、0.32、2.2、2.5、1、1.8、2.4、5.8、1.4、79、1.6、43、82、2.4
牛酪蛋白	VPP、IPP、FFVAP、KVLPVP、YKVPQL、TTMPLW、AVPYPQR、FFVAPFPEVFGK	9、5、6、5、22、16、15、77
骆驼乳	AIPPKKNQD	19.9
乳酪	MAP	0.8
鸡肉	LKA、LKP、IKW、LAP、FQKPKR、FKGRYYP、IVGRPRHQG、HypGLHypGF、GFHypGTHypGLHypGF	8.5、0.32、0.21、3.5、14、0.55、2.4、10、46
鸡蛋蛋白	LW、FCF、KVREGT、NIFYCP、FGRCVSP、RADHPFL、ERKIKVYL、FFGRCVSP、YAEERYPIL	6.8、11、9.1、15、6.2、6.2、1.2、0.4、4.7
淡水蛤	VKP	3.7
文蛤	YN	51
牡蛎	VVYPWTQRF	66
绿豆	KDYRL、VTPALR、KLPAGTLF	26.5、82.4、13.4
猪肌凝蛋白	MNP	66.6
米饭	TQVY	18.2
鲑鱼	IW	1.2

续表

来源	序列	半数抑制浓度（IC_{50}）
沙丁鱼	VY、MF、RY、LY、YL、IY、GRP、GWAP	26、44.7、51、38.5、82、10.5、20、3.86
虾	DP, GTG, ST	2.15、5.54、4.03
大豆	HHL、PGTAVFK、VLIVP,NWGPLV	5.4、26.5、1.69、21
菠菜	MRWRD、MRW、LRIPVA、IAYKPAG	2.1、0.6、0.38、4.2
甘薯	TYCQ	2.3
金枪鱼	IY、FQP、ALPHA、IWHHT、LKPNM、IKPLNY、DYGLYP、DMIPAQK、IVGRPRHQG	3.7、12、10、5.1、17、43、62、45、6.2
裙带菜	VY、IY、AW、FY、VW、IW、LW	35.2、6.1、18.8、42.3、3.3、1.5、23.6
小麦麸朊	IAP	2.7

资料来源：Huang W Y, et al。Critical Reviews in Food Science and Nutrition，2013，53（6）：615-630。

二、血管紧张素 II 受体阻断剂

关于食物蛋白源肽的Ang-II受体阻断作用的信息很少。AT_1是血管壁中的主要血管紧张素受体，可与Ang-II结合导致血管收缩。抗高血压药缬沙坦（Valsartan）阻止Ang-II与AT_1的相互作用，这有助于血管舒张。类似地，在体外模型中，有研究表明RPYL（一种乳铁蛋白源的肽）对Ang-II和人血管紧张素AT_1受体的相互作用具有浓度依赖性抑制（在300μmol/L时抑制率高达62%）。RPYL还抑制Ang-I依赖性的血管收缩，这表明ACE抑制是其降压活性的另外机制。

三、肾素抑制

肾素是另一个控制血压的潜在因素。抑制肾素可以为高血压提供更有效的治疗方法，因为Ang-I 其实还可以通过糜蛋白酶（Chymase）的作用在一些独立于ACE的细胞中转化为Ang-II，而肾素可以直接阻止Ang-I 的形成。另外，不同于在各种生物化学途径中作用于多种底物的ACE，血管紧张素原是已知的肾素唯一底物。因此，与ACE抑制剂相比，肾素抑制剂可以确保抗高血压治疗的特异性。Udenigwe等在亚麻籽酶解产物中发现可抑制人重组肾素和ACE的肽。其研究指出，与仅抑制ACE的肽相比，具有ACE和肾素双重抑制能力的这些肽可在体内提供更好的抗高血压作用。Li和Aluko在研究中发现了类似的结果，其中豌豆蛋白分离物的组分高度抑制ACE和肾素活性，IC_{50}小于25mmol/L（表4-3）。

表4-3 抑制ACE和肾素的合成肽的IC_{50}　　单位：mmol/L

肽	ACE抑制IC_{50}	肾素抑制IC_{50}
IR	2.25±0.31	9.2±0.18
KF	7.23±0.69	17.84±1.12
EF	2.98±1.24	22.66±1.71

资料来源：Li H A，et al。Journal of Agricultural and Food Chemistry，2010，58（21）：11471-11476。

四、钙通道阻断效应

钙通道阻断剂与心肌和血管壁中的电压门控钙通道（VGCC）相互作用，可减少细胞内钙离子含量，从而减少血管收缩。各种研究已经显示，肽具有钙通道阻断剂的能力。Tanaka等在研究中借助1.0μmol/L的苯肾上腺素收缩Sprague-Dawley大鼠的胸主动脉环，并在其胸主动脉环中测试了15种基于Trp-His骨架类似物（Skeleton Analogues）的合成肽的血管舒张作用。该研究表明三肽His-Arg-Trp在苯肾上腺素收缩的胸主动脉中具有内皮依赖性血管舒张作用。该研究还显示了浓度为100μmol/L的His-Arg-Trp可引起细胞内Ca^{2+}浓度显著降低。对于该肽的作用机制Tanaka等认为，His-Arg-Trp可能通过电压门控L型Ca^{2+}通道抑制细胞外Ca^{2+}内流。在此基础上，Wang等研究了Trp-His肽骨架在血压调控中的钙通道阻断效应。实验结果表明，300μmol/L的Trp-His可以引起8周龄雄性Wistar大鼠胸主动脉平滑肌细胞内Ca^{2+}减少23%。此外，Trp-His引起的Ca^{2+}减少可被维拉帕米（Verapamil）消除，这表明Trp-His可通过特异性作用于L型Ca^{2+}通道来限制Ca^{2+}内流，从而使细胞内Ca^{2+}减少。

五、阿片样活性肽血管舒张效应

现代研究发现，许多食源性肽也具有阿片样活性，这些肽与阿片受体结合产生吗啡样作用。天然阿片肽包括内啡肽、脑啡肽和强啡肽。阿片受体分布广泛，在神经、内分泌和免疫系统以及肠道中都有分布。这些受体可能参与体内各种调节过程，包括影响血压的血液循环调节。Nurminen等发现口服来自α-乳清蛋白的四肽（Tyr-Gly-Leu-Phe）对自发性高血压大鼠（SHR）和血压正常的Wistar Kyoto大鼠（WKY）有抗高血压作用。其中SHR大鼠血压下降最显著，收缩压（Systolic Blood Pressure，SBP）和舒张压（Diastolic Blood Pressure，DBP）分别下降23和17mmHg。然而，在给予特定的阿片受体拮抗剂纳洛酮（Naloxone）后，并没有发现该四肽诱导的血压（Blood Pressure，

BP）降低。因此，可以认为降压作用是该肽与阿片受体相互作用的结果。Sipola等着眼于α-乳铁蛋白和第二种乳源性肽β-酪蛋白肽（Tyr-Leu-Leu-Phe）对肠系膜动脉功能的影响，以证明其作用机制。研究表明，α-乳铁蛋白可能会刺激阿片受体，从而释放一氧化氮，引起血管舒张作用。此外，酪蛋白衍生的肽casoxin D（Tyr-Val-Pro-Phe-Pro-Pro-Phe）也被报道有基于阿片受体的降血压作用。

六、内皮素-1的释放抑制

内皮素-1（Endothelin-1，ET-1）通过内皮素转换酶（Endothelin Converting Enzyme，ECE）的作用从大内皮素-1（BigET-1）释放。ET-1通过两个受体（ETa和ETb）介导血管收缩。两种受体均介导平滑肌收缩，但是ETb也通过产生一氧化氮诱导内皮细胞的松弛。已知ET-1比Ang-II血管收缩作用更强。现在研究已经发现食物蛋白质具有作为ECE抑制剂的能力。例如，Okitsu等在牛肉和鲣鱼的胃蛋白酶消化液中发现ECE抑制肽。该牛肉和鲣鱼肽可分别使ECE活性下降45%和40%。另一项研究表明，由胰蛋白酶消化牛乳β-乳球蛋白释放的ACE抑制肽Ala-Leu-Pro-Met-His-Ile-Arg，能抑制培养的猪主动脉内皮细胞中ET-1的释放。具体表现为在1mmol/L Ala-Leu-Pro-Met-His-Ile-Arg的浓度下，ET-1释放减少了29%。就该肽的作用机制而言，研究推测ET-1的减少可能是由于间接地通过抑制缓激肽途径的ACE从而减少了ET-1的释放，而不是由肽直接作用于ET-1。因为ACE在KKS中可将缓激肽分解成无活性的片段。随后由于ACE抑制造成的缓激肽（血管舒张剂）的积聚会导致血管扩张剂一氧化氮释放的增加，从而拮抗内皮细胞释放ET-1。

第二节 抗高血压活性肽的制备方法

一、酶法水解蛋白质

正如前几章中介绍的生物活性肽，酶法水解蛋白质仍是生产降压活性肽的重要技术手段。降压肽的酶法制备常使用一种或多种蛋白酶酶解，且通常在每种蛋白酶的最佳温度和pH条件下进行。因此，如果各种酶的最佳水解条件相似，可以同时加入多种用于生产单一蛋白质水解产物的酶。但如果最佳水解条件不同，则可以顺序加入多种用于生产单一蛋白质水解产物的酶。这些蛋白酶可以以商业上的纯化形式或者粗制形式获得。

一般而言，没有产生抗高血压肽的特定蛋白质和酶，即人们可自由探究选择合适的生产原料和酶。在此基础上，自然界丰富的蛋白质资源为降压肽的生产提供了丰富的原料，由此人类已使用植物、动物特别是海洋生物的蛋白质制备出了多种抗高血压肽。然而，容易消化的蛋白质往往具有更高的肽产量，因此选取这类蛋白原料比较有利于产品的商业化。此外，初始原料的蛋白质含量与生产理想的蛋白质水解产物无关；然而，原料中较高的蛋白质含量将减少非蛋白质材料对水解材料的影响，因为在蛋白质水解产物中存在具有生物活性的非肽物质可能会影响活性测试的结果。例如，酚类化合物也具有抗高血压作用。因此，在蛋白质水解之前从蛋白质中去除这类物质将减少或消除这种混杂效应。Girgih等的研究说明了这一点，该研究在酶促水解之前使用丙酮从大麻种子蛋白分离物中去除多酚。

在蛋白酶的选择上，Garcia-Mora等的研究表明，碱性蛋白酶，相对于其他酶Savinase、Protamex和Corolase水解产生的扁豆水解产物ACE抑制活性最高。这表明酶的类型对水解产物抗高血压活性的高低也很重要。一般而言，在蛋白质水解期间产生短肽（<10个氨基酸残基）的酶是较为理想的蛋白质水解工具。因为与高分子质量肽相比，低分子质量肽可能是更有效的抗高血压剂。例如，通过碱性蛋白酶和风味蛋白酶复合酶解获得的芸豆蛋白水解产物制备的<1、1~3、3~5、5~10和≥10ku肽片段的ACE抑制活性（IC_{50}）为0.001、0.049、0.107、0.268和0.268μg/mL（表4-4）。可见小肽较低的IC_{50}显示出更好的抑制活性。

表4-4 碱性蛋白酶和风味蛋白酶复合酶解获得的芸豆蛋白水解产物的ACE抑制活性

片段/ku	IC_{50}/（μg/mL）
>10	0.268^{a}
5~10	0.268^{a}
3~5	0.107^{b}
1~3	0.049^{c}
<1	0.001^{d}

注：同一列中不同的上标字母表示有统计学差异（$p<0.05$）。
资料来源：Ruiz-Ruiz J，et al。Journal of Food Biochemistry，2013，37（1）：26-35。

在蛋白质水解过程中，保持酶发挥最佳活性所需的适宜条件有助于肽的有效释放。在蛋白质水解（肽键水解）期间，释放的质子将导致反应物pH降低，需要通过加碱校正pH，从而避免酶活力的下降。在蛋白质水解过程中添加碱通常是水解物的盐含量增加的原因之一。一般水解持续时间越长，得到的小肽越多，肽的总体分子质量越小。但是在大多数情况下，待酶解达到平台期后，进一步增加水解时间对肽的大小或活性的影响很小，甚至会对活性有不利影响。例如，用不同的酶水解扁豆蛋白表明，ACE抑制活性是时间依赖性的，在达到最大值后，蛋白质水解的进一步延长，实际上导致了肽活性降低。这意味着抗高血压肽可以随着蛋白酶作用而释放，但最终将释放最大数量的活性肽。反应时间超过这一点可能导致蛋白质水解产物的活性降低，因为一些已产生的活性肽可能经历进一步的蛋白质水解而产生无活性的片段。

综上，原料和蛋白酶的种类、水解条件、水解时间等因素都会影响终产物的抗高血压活性。然而，蛋白质底物的类型实际上起决定性作用。因此，进行最初的优化实验是重要的，包括使用不同的蛋白酶，测定不同蛋白质水解时间的产物活性以确定与活性最高的肽相关的酶和酶解时间。酶解完成后，将反应混合物离心分离得上清液（包含所需的肽）。之后可以将上清液脱盐，进行进一步的分离，如膜超滤或柱层析，或简单地冷冻干燥。如果考虑到高盐含量，蛋白质水解产物可以通过纳滤膜来获得具有最小盐含量的渗余物。然而，因大多数纳滤膜具有接近300u分子质量截留（MWCO）大小，所以渗透物中可能丢失一些小肽，特别是二肽。

二、直接提取法

除了体外酶促水解之外，有研究者也从肉类腌制过程中天然产生的肌肉肽中分离出抗高血压肽。这种类型的提取是利用肌肉中存在的天然肽或在肉类加工过程中由内源性

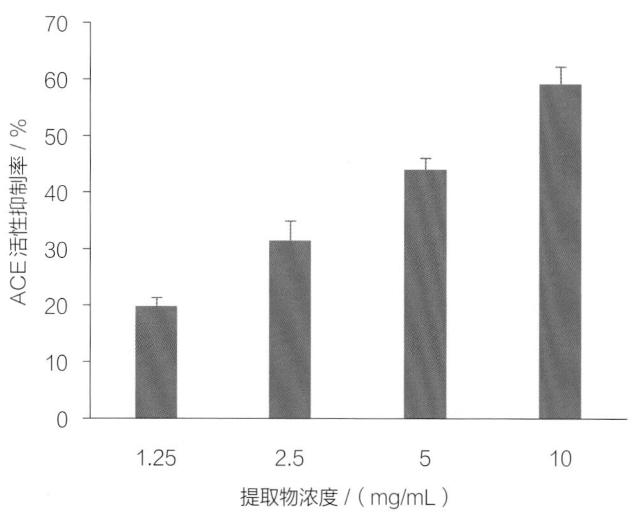

图4-4 西班牙干腌火腿不同浓度提取物ACE抑制（ACEI）活性

资料来源：Escudero E, et al。Food chemistry, 2014, 161（5）: 305-311。

酶释放的天然肽。例如，Escudero等使用酸化的水来获得西班牙干腌火腿的肽提取物，脱盐后，10mg/mL浓度的肽显示高达60%的ACE体外活性抑制（图4-4）。

三、发酵法

发酵过程中肽的产生主要是基于一些细菌或酵母菌在生长过程中分泌到胞外环境的酶（主要指蛋白酶）。因此，用这种细菌细胞接种蛋白质原料可使蛋白质水解而生产肽。例如，在含有可发酵糖（通常为葡萄糖）的无菌蒸馏水中收获细胞后，可以将该悬浮液作为发酵剂接种到无菌蛋白质原料中进行发酵。根据发酵微生物的类型和所需的肽产物，发酵可以进行数小时到数天的时间。在发酵结束时，可以直接使用产品，如通过食用酸乳降血压；或者可以将已知量的发酵混合物与含水试剂混合并充分摇动以提取活性肽。然后将提取的溶液离心分离得上清液中的肽，弃去沉淀。此外，还可以用体外酶进一步消化处理发酵产物以促进抗高血压肽的释放。

第三节　抗高血压活性肽的活性评价方法

一、体外活性评价方法

人们设计了几种用于评估肽的潜在抗高血压活性的方法，这些方法包括ACE活性抑制效果的测定或肾素活性抑制效果的测定等。第一种ACE抑制实验的实验方法是用马尿酰-组氨酰-亮氨酸（HHL）作为底物开发的。其基本原理是ACE可裂解马尿酰-组氨酸键从而释放游离马尿酸。之后将释放的游离马尿酸提取到乙酸乙酯中。蒸发乙酸乙酯溶剂，再将马尿酸溶于蒸馏水中，然后使用分光光度计在228nm处测量吸光值，便可通过游离马尿酸的多少评价ACE活性。或者，可以在反相高效液相色谱（RP-HPLC）柱上分离反应混合物以定量马尿酸峰。在肽抑制剂存在下，ACE介导的马尿酸产生减少，可以以不添加肽时的吸光值为对照计算抑制百分率。该方法中使用分光光度法定量马尿酸的主要缺点是如果在乙酸乙酯蒸发时过量加热，一些马尿酸可能不溶于水，这会导致肽的抑制能力被高估。乙酸乙酯可以用氮气蒸发，但如果有乙酸乙酯残留，则会导致肽的抑制活性被低估，因为乙酸乙酯可以吸收228nm的紫外线辐射。此外，乙酸乙酯提取物有时会被底物（HHL）污染，其在228nm处也有吸收，会导致肽的抑制活性被低估。Chen等的研究证实，与分光光度法相比，HPLC方法具有更高的灵敏度和精密度。另一种ACE测定法是荧光测定法，并使用邻氨基苯甲酸-苯丙氨酸-精氨酸-赖氨酸-二硝基苯基-脯氨酸［abz-FRK（dnp）P-OH］作为底物。ACE作用于精氨酸-赖氨酸（RK）键，去除了二硝基苯基（DNP）猝灭部分并引起邻氨基苯甲酸（ABZ）部分荧光增强（激发光波长和发射光波长分别为320和420nm）。因此，ACE抑制肽将降低底物裂解的速率，释放较少的DNP，因此降低荧光发射值。另一种常用的ACE实验使用*N*-［3-（2-呋喃基）丙烯酰基］-苯丙氨酰甘氨酰甘氨酸（FAPGG）作为底物。ACE将FAPGG水解成*N*-［3-（2-呋喃基）丙烯酰基］-苯丙氨酸（FAP）和甘氨酰甘氨酸（GG）；然后在反应之后进行连续的紫外吸收测量，以确定由于苯丙氨酸-甘氨酸肽键裂解导致的345nm处吸光度的降低。或者，可以将反应混合物直接注射到RP-HPLC柱上并在305nm处检测定量释放的FAP。通常，FAPGG方法更简单，更快速，因此与HHL分析相比，FAPGG更适合样品的常规分析。

最广泛使用的肾素抑制试验基于Wang等的方法，这种方法特异适用于人体肾素抑制实验。该方法使用内部淬灭的荧光底物Arg-Glu（EDANS）-Ile-His-Pro-Phe-His-Leu-Val-Ile-His-Thr-Lys（Dabcyl）-Arg。肾素水解Leu-Val键以产生具有高强度荧光特性的Arg-Glu（EDANS）-Ile-His-Pro-Phe-His-Leu（称为肽-EDANS）产物。释放的肽-EDANS的量可以在335～345nm激发波长和485～510nm发射波长下测量。在肾素抑制肽存在的情况下，发射值较小，可以相对于未抑制的反应计算抑制百分比。另一种荧光方法使用的是对人或猪肾素特异的底物。人肾素的底物是*N*-甲基蒽基（Nma）-Ile-His-Pro-Phe-His-Leu-Val-Ile-His-Thr-Lys-2，4-二硝基苯基（dnp）-D-Arg（r）-r-NH_2，猪肾素的底物是Nma-His-Pro-Phe-His-Leu-Leu-Val-Tyr-Lys（dnp）-r-r-NH_2。人和猪肾素的底物，分别在Leu-Val和Leu-Leu肽键处发生水解。然后分别在340和440nm的激发和发射波长下测量荧光片段（含有Nma部分）。这些有高灵敏度的荧光方法能够鉴定多种肾素抑制化合物。

二、体内活性评价方法

目前，SHR是最常用的遗传性高血压大鼠模型，可用于测试食物蛋白衍生的蛋白质水解产物和肽的体内抗高血压作用。这是因为SHR是最接近人类动脉高血压发病情况的模型，并且已被广泛用于抗高血压研究中的安全性和功效测试。由于生长差异，雄性SHR比雌性更适用于测试抗高血压化合物的功效。这是因为雄性SHR在15周内可以长到300g，而雌性最大体重约为200g。雄性的收缩压和舒张压分别可达203和176mmHg，雌性的收缩压和舒张压分别为191和154mmHg。

SHR寿命较长，且无论它们是否接受抗高血压治疗，均可存活长达66周，因此其可以作为确定抗高血压肽长期作用的有效模型。Girgih等的研究表明，SHR中血浆肾素活性几乎是正常血压的两倍。因此，SHR也是极好的测试肾素抑制肽的模型。此外，当用抑制肾素和抑制ACE活性的抗高血压药物治疗SHR时，其血压会降低。Matsui等的研究表明，SHR还是用于测试抗高血压肽穿过胃肠屏障并存在于血液循环系统内的良好模型。最近的研究表明，ACE抑制肽（VPP、IPP、AHIII等）不仅能降低SHR的血压，还可通过增加NO的产生诱导内皮舒张。因此，SHR还可用于确定抗高血压肽的NO增强和血管舒张特性。

三、人群实验

在产品开发上市前，有必要通过临床试验评估食源性生物活性肽在人体中的功效。此外，对食源性降压肽开发的营养食品或功能食品的药代动力学研究也十分重要。表4-5列出了几种食源性蛋白质源降血压肽人体临床试验的相关数据。例如，多肽VPP和IPP在人体临床研究中显示出抗高血压功效。在该试验中，日本和芬兰高血压志愿者口服VPP和IPP（以含有该活性肽的发酵乳和果汁的形式摄入）后，血压（SBP和DBP）显著降低。然而，荷兰和丹麦高血压患者口服这些相同的肽未能降低血压，表明不同人群的疗效可能存在差别。对18项临床试验进行的一项荟萃分析显示，口服这些肽（VPP和IPP）确实可以降低高血压患者的血压，但其有益效果在亚洲人群中更显著。Turpeinen等的一项荟萃分析显示，轻度高血压患者摄入小剂量（2.0~10.2mg/d）乳酪蛋白来源的三肽（VPP和IPP），SBP总体降低4.0mmHg，DBP降低1.9mmHg。除了VPP和IPP，另一项研究表明，在正常化的安慰剂对照实验中，摄入富含酪蛋白衍生抗高血压肽（RYLGY和AYFYPEL）的酸乳六周后，可使SBP显著降低12mmHg。同样，沙丁鱼肌肉来源的二肽（VY）也用于人体临床试验。对29名高血压受试者进行的随机双盲安慰剂对照实验显示，治疗4周后，受试者SBP和DBP分别下降了9.3和5.2mmHg。另一项涉及63名高血压受试者的实验显示，食用含VY的蔬菜饮料可显著降低高血压患者的血压，并且没有任何副作用。第三次临床研究表明，单次口服VY可显著增加血浆VY水平，表明肽被吸收进入血液系统。综上所述，尽管很多学者对抗高血压肽已开展了一定的人体临床试验，然而，目前科学界对人体的研究仍相对有限，人们还需要更多的临床研究来进一步确定食源性生物活性肽作为临床抗高血压药物的疗效。

表4-5 食物蛋白质源降血压肽的人体临床试验研究

活性肽	来源	剂量	摄入持续时间/周	SBP降低/mmHg	参考文献
VPP和 IPP	发酵乳	150 mL/d (含3.0 mg VPP和2.25 mg IPP/100 g)	21	5.2	Turpeinen et al，2013
	Evolus®果汁调味发酵乳	160 g/d	4	6.7	Cicero et al，2011
RYLGY和AYFYPEL	酪蛋白水解物	20 mL/d (含5.5 mg RYLGY和AYFYPEL)	6	12	Martinez-Maqueda et al，2012
VY	添加沙丁鱼肉水解物的饮料	2 × 100 mL/d (含6 mg VY)	4	9.3	Kawasaki et al，2000
	一种蔬菜饮料	195 g/d (含0.5 g VY)	13	7.6	Kawasaki et al，2002

第四节 抗高血压活性肽的构效关系

一、ACE抑制物的结构特征

理解肽与其生物活性之间的关系有利于靶向释放潜在的有效肽序列。ACE是目前食源生物活性肽的降压作用研究中最广泛的生物标志物。ACE可以在广泛的肽底物上起作用，并且似乎具有广泛的特异性。人们已经识别到影响肽与ACE活性位点结合的一些结构特征。首先，就肽段的整体长度而言，ACE的有效抑制肽通常是短序列，即长度为2～12个氨基酸。然而，一些较长的抑制序列也已经被识别。对于肽的氨基酸组成，研究表明底物与ACE的结合能力会受底物的C末端三肽序列的强烈影响。例如，有效ACE抑制物的共同特征是在每个C端三肽位置具有芳香族或分支侧链的疏水氨基酸残基；C端三肽区域中一个或多个位置上疏水Pro残基的存在似乎对肽的ACE抑制活性有正面影响；Tyr、Phe和Trp残基也存在于许多有效ACE抑制剂的C端，尤其是二肽和三肽抑制剂。此外，C端Arg和Lys残基的侧链上的正电荷也对肽的ACE抑制能力有利。对于长肽，相比氨基酸组成，肽的结构和构象对ACE抑制能力更重要。ACE（C-和N-结构域）的两个结构域有序列His-Glu-XX-His的活性位点。这些活性位点位于两个区域的裂缝内，并受N端“盖子”保护。这个“盖子”阻止大多肽进入活性位点。这解释了为什么小肽能更有效地抑制ACE。此外，ACE抑制可以包括抑制剂与酶上亚位点的相互作用，所述亚位点通常不被底物占据。ACE的催化位点具有不同的构象要求，这表明，为了更完全地抑制ACE，可能需要使用多种具有构象特征略微不同的肽抑制剂。

二、定量结构-活性关系模型（QSAR）和底物对接

科学研究中，定量计算工具越来越多地应用于药物和药物研发。最近，人们已经认识到这种模型工具可以应用于食物来源的生物活性肽构效关系研究。因此，这项工作有助于了解肽在分子层面的结构和生物活性。定量结构-活性关系模型（QSAR）和底物对接是评估多种肽结构的生物活性潜力的有效工具。QSAR研究基于配体和受体的化学结构与生物活性之间的关系。配体的物理化学变量或描述变量（如空间特性、疏水性和电子性质、分子质量和形状）用于定量关联配体的化学结构与生物活性。目前有少量ACE抑制肽的QSAR研究通过构建已知ACE抑制肽的数据库，使用偏最小二乘分析QSAR来评估二肽和三肽的结构活性关系。例如，Wu等（2006a）使用3-z尺度描述法，为肽数据库的氨基酸组分开发了两个模型（二肽模型和三肽模型），并使用偏最小二乘分析QSAR来评估二肽和三肽的结构活性关系。结果显示，二肽模型具有71.1%的预测能力，而三肽模型具有43.4%的预测能力。二肽模型表明肽段中的氨基酸具有大体积或疏水性侧链时有利于ACE抑制活性的增强，而三肽模型表明三肽C端为芳香族残基，第二位为带正电荷的残基，N端为疏水性残基有利于三肽的ACE抑制活性。Wu等（2006b）的另一项研究使用5-z比例模型来评估长度为4～10个氨基酸的肽。该研究得出的结论是，C末端的四肽残基对4～10个氨基酸长度的肽的效力有很大影响。综合各类QSAR模型研究的结果，一般可预测肽的C末端对ACE抑制活性具有重要意义，且疏水C末端残基对于高效力是必需的。此外，具有大量高疏水性残基的蛋白质被认为是生产有效的ACE抑制肽的良好底物。

底物对接涉及分子（配体）与受体或蛋白质靶标（例如酶）的对接。通过与分子的结合亲和力评估所有可能的对接或结合构象，并且通过使用评分函数估计它们作为高亲和力结合配体的潜力。有研究者使用集成的QSAR和人工神经网络（ANN）方法评估存在于脱脂小麦胚芽蛋白序列中的58个二肽的ACE抑制能力。该模型被用于研究ACE抑制性二肽的优选结构特征。在此之后，该研究成功地选择了适当的蛋白酶，从而生产出被QSAR-ANN模型预测为有效抑制剂的二肽。另外，Norris等使用分子对接程序AutoDock Vina评估对接能力，以预测ACE抑制二肽的序列。在该项研究中，所有潜在的二肽和磷酸二肽均被对接并评分。最后，该程序预测磷酸二肽是ACE的良好抑制剂。然而，选定的磷酸二肽与实验确定的IC_{50}结果不相关，并且研究得出结论，磷酸二肽可能不是体内ACE的有效抑制剂。由此看来，底物对接方法还需进一步改善优化。

第五节 抗高血压活性肽的发展现状与前景展望

一、抗高血压活性肽的发展现状

当前，全球学者对于抗高血压食源性蛋白质或肽的开发兴趣极高，以期将其用作抗高血压现代药物的新型替代方法。食源性蛋白质源的生物活性肽除了发挥作为抗高血压剂的体内功效外，还可以与各种血压调节途径相互作用，表明它们在控制与心血管系统有关的其他病理中也有潜在作用，这进一步说明了使用生物活性肽作为功能性食物或营养食品成分的优点。

二、抗高血压活性肽的发展趋势

对于许多肽而言，实际的作用机制尚未完全阐明，因此需要进一步的研究来确定肽作用的分子靶点，建立生物活性肽的构效关系。使用先进的生物化学技术，如蛋白质组学、RNA测序、分子对接计算研究和基因功能分析，对于解开降压肽的分子机制十分重要。此外，还需要开发更好的酶消化工具以获得更多具有期望氨基酸序列的肽。在临床研究上，评估活性肽的最终功效和药代动力学也需要来自不同种族的志愿者的大力贡献。最后，这些生物活性肽的安全性也应在商业化之前进行评估，与这些活性肽相关的不良或毒性作用也需要长期的研究。

通过食品源生物活性肽改善人类健康是一项令人兴奋的科学挑战，同时也为商业应用提供了机会。此外，蛋白质含量高的食品原料以及食品加工行业的副产品可以作为医药级生物活性肽工业化生产的原料，这也是降低生产成本、实现废物利用的有效途径。

参考文献

[1] 中华人民共和国国家卫生和计划生育委员会. 中国居民营养与慢性病状况报告 [Z]. 2015.

[2] Acharya K R, Sturrock E D, et al. ACE revisited: A new target for structure-based drug design [J]. Nature Reviews Drug Discovery, 2003, 2(11): 891-902.

[3] Aluko R E. Antihypertensive peptides from food proteins [J]. Annual Review of Food Science and Technology, 2015 (6): 235-262.

[4] Atkinson A B, Robertson J I S. Captopril in the treatment of clinical hypertension and cardiac-failure [J]. Lancet, 1979, 2(8147): 836-839.

[5] Banerjee P, Shanthi C. Isolation of novel bioactive regions from bovine *Achilles tendon* collagen having angiotensin I-converting enzyme-inhibitory properties [J]. Process Biochemistry, 2012, 47(12): 2335-2346.

[6] Barczyk M, Carracedo S, et al. Integrins [J]. Cell and Tissue Research, 2010, 339(1): 269.

[7] Beltrami L, Zingale L C, et al. Angiotensin-converting enzyme inhibitor-related angioedema: how to deal with it [J]. Expert Opinion on Drug Safety, 2006, 5(5): 643-649.

[8] Bhat Z F, Kumar S, et al. Antihypertensive peptides of animal origin: a review [J]. Critical Reviews in Food Science and Nutrition, 2017, 57(3): 566-578.

[9] Calhoun D A, Jones D, et al. Resistant hypertension: diagnosis, evaluation, and treatment: a scientific statement from the American Heart Association Professional Education Committee of the Council for High Blood Pressure Research (Reprinted from Hypertension, vol 51, pg 1403-1419, 2008) [J]. Circulation, 2008, 117(25): E510-E526.

[10] Chen J, Wang Y, et al. Comparison of analytical methods to assay inhibitors of angiotensin I-converting enzyme.[J]. Food Chemistry, 2013, 141(4): 3329-3334.

[11] Cicero A F G, Gerocarni B, et al. Blood pressure lowering effect of lactotripeptides assumed as functional foods: a meta-analysis of current available clinical trials [J]. Journal of Human Hypertension, 2011, 25(7): 425-436.

[12] Contreras F, De La Parte M A, et al. Role of angiotensin II AT1 receptor blockers in the treatment of arterial hypertension [J]. American Journal of Therapeutics, 2003, 10(6): 401-408.

[13] Cushman D W, Cheung H S. Spectrophotometric assay and properties of the angiotensin-converting enzyme of rabbit lung[J]. Biochemical Pharmacology, 1971, 20(7): 1637-1648.

[14] Engberink M F, Schouten E G, et al. Lactotripeptides show no effect on human blood pressure - results from a double-blind randomized controlled trial [J]. Hypertension, 2008, 51(2): 399-405.

[15] Escudero E, Mora L, et al. Stability of ACE inhibitory ham peptides against heat treatment and in vitro digestion [J]. Food Chemistry, 2014, 161(5): 305-311.

[16] Ewart H S, Dennis D, et al. Development of a salmon protein hydrolysate that lowers blood pressure [J]. European Food Research and Technology, 2009, 229(4): 561-569.

[17] Fernandez-Musoles R, Manzanares P, et al. In vivo angiotensin I-converting enzyme inhibition by long-term intake of antihypertensive lactoferrin hydrolysate in spontaneously hypertensive rats [J]. Food Research International, 2013, 54(1): 627-632.

[18] Garcia-Mora P, Penas E, et al. Savinase, the most suitable enzyme for releasing

peptides from lentil *(Lens culinaris* var. Castellana) protein concentrates with multifunctional properties [J]. Journal of Agricultural and Food Chemistry, 2014, 62(18): 4166-4174.

[19] Geleijnse J M, Engberink M F. Lactopeptides and human blood pressure [J]. Current Opinion in Lipidology, 2010, 21(1): 58-63.

[20] Girgih A T, Alashi A, He R, et al. Preventive and treatment effects of a hemp seed (*Cannabis sativa* L.) meal protein hydrolysate against high blood pressure in spontaneously hypertensive rats[J]. European Journal of Nutrition, 2014, 53(5): 1237.

[21] Girgih A T, Udenigwe C C, et al. In vitro antioxidant properties of hemp seed (*Cannabis Sativa* L.) Protein hydrolysate fractions [J]. Journal of the American Oil Chemists Society, 2011, 88(3): 381-389.

[22] He R, Ma H, et al. Modeling the QSAR of ACE-inhibitory peptides with ANN and its applied illustration [J]. International Journal of Peptides,2012(7): 609-620.

[23] He R, Malomo S A, et al. Purification and hypotensive activity of rapeseed protein-derived renin and angiotensin converting enzyme inhibitory peptides [J]. Journal of Functional Foods, 2013, 5(2): 781-789.

[24] Hernandez-Ledesma B, Ramos M, et al. Bioactive components of ovine and caprine cheese whey [J]. Small Ruminant Research, 2011 (101): 196-204.

[25] Hirota T, Nonaka A, Matsushita A, et al. Milk casein-derived tripeptides, VPP and IPP induced NO production in cultured endothelial cells and endothelium-dependent relaxation of isolated aortic rings[J]. Heart & Vessels, 2011, 26(5): 549-556.

[26] Holmquist B, Bünning P, Riordan J F. A continuous spectrophotometric assay for angiotensin converting enzyme[J]. Analytical Biochemistry, 1979, 95(2): 540-548.

[27] Huang W Y, Davidge S T, et al. Bioactive natural constituents from food sources - Potential use in hypertension prevention and treatment [J]. Critical Reviews in Food Science and Nutrition, 2013, 53(6): 615-630.

[28] Jakubczyk A, Karas M, et al. The impact of fermentation and in vitro digestion on formation angiotensin converting enzyme (ACE) inhibitory peptides from pea proteins [J]. Food Chemistry, 2013, 141(4): 3774-3780.

[29] Kawasaki T, Jun C J, et al. Antihypertensive effect and safety evaluation of vegetable drink with peptides derived from sardine protein hydrolysates on mild hypertensive, high-normal and normal blood pressure subjects [J]. Fukuoka igaku zasshi = Hukuoka acta medica, 2002, 93(10): 208.

[30] Kawasaki T, Seki E, et al. Antihypertensive effect of Valyl-Tyrosine, a short chain peptide derived from sardine muscle hydrolyzate, on mild hypertensive subjects [J]. Journal of Human Hypertension, 2000, 14(8): 519-523.

[31] Ko S C, Kim D G, Han C H, et al. Nitric oxide-mediated vasorelaxation effects of anti-angiotension I-converting enzyme (ACE) peptide from *Styela clava* flesh tissue and its anti-hypertensive effect in spontaneously hypertensive rats[J]. Food Chemistry, 2012, 134(2): 1141-1145.

[32] Lee D H, Kim J H, et al. Isolation and characterization of a novel angiotensinI-converting enzyme inhibitory peptide derived from the edible mushroom *Tricholoma giganteum* [J]. Peptides, 2004, 25(4): 621-627.

[33] Li H A, Aluko R F. Identification and inhibitory properties of multifunctional peptides from pea protein hydrolysate [J]. Journal of Agricultural and Food Chemistry, 2010, 58(21): 11471-11476.

[34] Maes W, Van Camp J, et al. Influence of the lactokinin Ala-Leu-Pro-Met-His-Ile-Arg (ALPMHIR) on the release of endothelin-1 by endothelial cells [J]. Regulatory Peptides, 2004, 118(1-2): 105-109.

[35] Majumder K, Wu J. Molecular targets of antihypertensive peptides: understanding the mechanisms of action based on the pathophysiology of hypertension [J]. International Journal of Molecular Sciences, 2014, 16(1): 256-283.

[36] Manz N. Renal lesions and proteinuria in the spontaneously hypertensive rat made normotensive by treatment[J]. Kidney International, 1981, 20(5): 606-614.

[37] Martinez-Maqueda D, Miralles B, et al. Antihypertensive peptides from food proteins: a review [J]. Food & Function, 2012, 3(4): 350-361.

[38] Matsui T, Imamura M, Oka H, et al. Tissue distribution of antihypertensive dipeptide, Val-Tyr, after its single oral administration to spontaneously hypertensive rats[J]. Journal of Peptide Science, 2004, 10(9): 535-545.

[39] Mizushima S, Ohshige K, et al. Randomized controlled trial of sour milk on blood pressure in borderline hypertensive men [J]. American Journal of Hypertension, 2004, 17(8): 701-706.

[40] Nakamura Y, Yamamoto N, et al. Antihypertensive effect of sour milk and peptides isolated from it that are inhibitors to angiotensin I-converting enzyme [J]. Journal of Dairy Science, 1995, 78(6): 1253-1257.

[41] Norris R, Casey F, Fitzgerald R J, et al. Predictive modelling of angiotensin converting enzyme inhibitory dipeptides[J]. Food Chemistry, 2012, 133(4): 1349-1354.

[42] Nurminen M L, Sipola M, et al. Alpha-lactorphin lowers blood pressure measured by radiotelemetry in normotensive and spontaneously hypertensive rats [J]. Life Sciences, 2000, 66(16): 1535-1543.

[43] Okitsu M, Morita A, et al. Inhibition of the endothelin-converting enzyme by pepsin digests of food proteins [J]. Bioscience Biotechnology and Biochemistry, 1995, 59(2): 325-326.

[44] Ondetti M A, Cushman D W. Design of specific inhibitors of angiotensin-converting enzyme -new class of orally active antihypertensive agents [J]. Science, 1977, 196(4288): 441-444.

[45] Patten G S, Abeywardena M Y, Bennett L E. Inhibition of angiotensin converting enzyme, Angiotensin II receptor blocking, and blood pressure lowering bioactivity across plant families [J]. Critical Reviews in Food Science and Nutrition, 2016, 56(2): 181-214.

[46] Pellegrini N, Del Rio D, et al. Application of the 2,2’ -azinobis(3-ethylbenzothiazoline-6-sulfonic acid) radical cation assay to a flow injection system for the evaluation of antioxidant activity of some pure compounds and beverages [J]. Journal of Agricultural and Food Chemistry, 2003, 51(1): 260-264.

[47] Perez-Vega J A, Olivera-Castillo L, et al. Release of multifunctional peptides by gastrointestinal digestion of sea cucumber (*Isostichopus badionotus*) [J]. Journal of Functional Foods, 2013, 5(2): 869-877.

[48] Picot L, Ravallec R, et al. Impact of ultrafiltration and nanofiltration of an industrial fish protein hydrolysate on its bioactive properties [J]. Journal of the Science of Food and Agriculture, 2010, 90(11): 1819-1826.

[49] Pripp A H, Isaksson T, et al. Quantitative structure activity relationship modelling of peptides and proteins as a tool in food science [J]. Trends in Food Science & Technology, 2005, 16(11): 484-494.

[50] Puchalska P, Garcia M C, et al. Identification of native angiotensin-I converting enzyme inhibitory peptides in commercial soybean based infant formulas using HPLC-Q-ToF-MS [J]. Food Chemistry, 2014, 157: 62-69.

[51] Ruiz-Ruiz J, Davila-Ortiz G, et al. Angiotensin I-converting enzyme inhibitory and antioxidant peptide fractions from hard-to-cook bean enzymatic hydrolysates [J]. Journal of Food Biochemistry, 2013, 37(1): 26-35.

[52] Saleh A S, Zhang Q, et al. Recent research in antihypertensive activity of food protein-derived hydrolyzates and peptides [J]. Critical Reviews in Food Science and Nutrition, 2016, 56(5): 760-787.

[53] Seppo L, Jauhiainen T, et al. A fermented milk high in bioactive peptides has a blood pressure-lowering effect in hypertensive subjects [J]. American Journal of Clinical Nutrition, 2003, 77(2): 326-330.

[54] Shalaby S M, Zakora M, Otte J. Performance of two commonly used angiotensin-converting enzyme inhibition assays using FA-PGG and HHL as substrates[J]. Journal of Dairy Research, 2006, 73(2): 178.

[55] Sipola M, Finckenberg P, et al. Alpha-lactorphin and beta-lactorphin improve arterial function in spontaneously hypertensive rats [J]. Life Sciences, 2002, 71(11): 1245-1253.

[56] Staessen J A, Li Y, et al. Oral renin inhibitors [J]. Lancet, 2006, 368(9545): 1449-1456.

[57] Swenson S, Costa F, et al. Intravenous liposomal delivery of the snake venom disintegrin contortrostatin limits breast cancer progression [J]. Molecular Cancer Therapeutics, 2004, 3(4): 499-511.

[58] Takahashi S, Hori K, Shinbo M, et al. Isolation of human renin inhibitor from soybean: soyasaponin I is the novel human renin inhibitor in soybean[J]. Journal of the Agricultural Chemical Society of Japan, 2008, 72(12): 3232-3236.

[59] Tanaka M, Watanabe S, et al. His-Arg-Trp potently attenuates contracted tension of thoracic aorta of Sprague-Dawley rats through the suppression of extracellular Ca(2+) influx [J]. Peptides, 2009, 30(8): 1502-1507.

[60] Turpeinen A M, Jarvenpaa S, et al. Antihypertensive effects of bioactive tripeptides-a random effects meta-analysis [J]. Annals of Medicine, 2013, 45(1): 51-56.

[61] Udenigwe C C, Li H, et al. Quantitative structure-activity relationship modeling of renin-inhibiting dipeptides [J]. Amino Acids, 2012, 42(4): 1379-1386.

[62] van Elswijk D A, Diefenbach O, et al. Rapid detection and identification of angiotensin-converting enzyme inhibitors by on-line liquid chromatography-biochemical detection, coupled to electrospray mass spectrometry[J]. Journal of Chromatography A, 2003, 1020(1): 45-58.

[63] Voura E B, Ramjeesingh R A, et al. Involvement of integrin alpha(v)beta(3) and cell adhesion molecule L1 in transendothelial migration of melanoma cells [J]. Molecular Biology of the Cell, 2001, 12(9): 2699-2710.

[64] Wang C, Tian J, Qiang W. ACE inhibitory and antihypertensive properties of apricot almond meal hydrolysate[J]. European Food Research & Technology, 2011, 232(3): 549-556.

[65] Wang G T, Chung C C, Holzman T F, et al. A continuous fluorescence assay of renin activity[J]. Analytical Biochemistry, 1993, 210(2): 351-359.

[66] Wang Z Q, Watanabe S, et al. Trp-His, a vasorelaxant di-peptide, can inhibit extracellular Ca^{2+} entry to rat vascular smooth muscle cells through blockade of dihydropyridine-like L-type Ca^{2+} channels [J]. Peptides, 2010, 31(11): 2060-2066.

[67] Wu J P, Aluko R E, et al. Structural requirements of angiotensin I-converting enzyme inhibitory peptides: quantitative structure-activity relationship study of di- and tripeptides [J]. Journal of Agricultural and Food Chemistry, 2006a, 54(3): 732-738.

[68] Wu J P, Aluko R E, et al. Structural requirements of angiotensinI-converting enzyme inhibitory peptides: quantitative structure-activity relationship modelling of peptides containing 4-10 amino acid residues[J]. QSAR and Combinatorial Science, 2006b, 25: 873-880.

[69] Wu J, Liao W, et al. Revisiting the mechanisms of ACE inhibitory peptides from food proteins [J]. Trends in Food Science & Technology, 2017, 69: 214-219.

[70] Zhang C H, Cao W H, et al. Angiotensin I-converting enzyme inhibitory activity of *Acetes chinensis* peptic hydrolysate and its antihypertensive effect in spontaneously hypertensive rats [J]. International Journal of Food Science and Technology, 2009, 44(10): 2042-2048.

[71] Zhang Y H, Olsen K, et al. Effect of pretreatment on enzymatic hydrolysis of bovine collagen and formation of ACE-inhibitory peptides [J]. Food Chemistry, 2013, 141(3): 2343-2354.

[72] Zhou Q, Nakada M T, et al. Contortrostatin, a homodimeric disintegrin, binds to integrin alpha v beta 5 [J]. Biochemical and Biophysical Research Communications, 2000, 267(1): 350-355.

[73] Zhou Q, Sherwin R P, et al. Contortrostatin, a dimeric disintegrin from Agkistrodon contortrix contortrix, inhibits breast cancer progression [J]. Breast Cancer Research and Treatment, 2000, 61(3): 249-260.

第五章

肽与皮肤健康

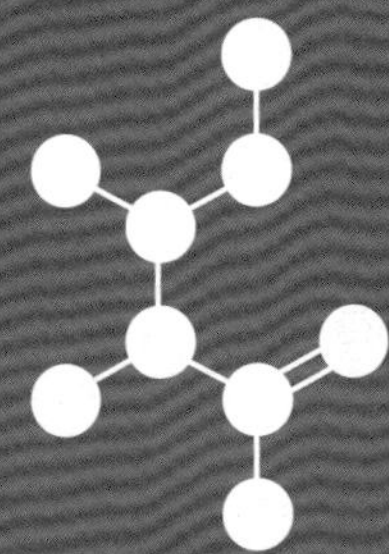

随着年龄的不断增长，人在皮肤形态上的改变会愈发凸显，例如出现皮肤干燥、弹性减弱、黑斑和皱纹的产生与增多等由生理变化所引发的问题。现如今，社会经济迅速发展，随着生活水平的不断提高，人们对生活品质的要求也越来越高。多数成年女性在面临着人体衰老及皮肤老化等问题时，不会任其发展，而是会选择一系列的措施来弥补。

胶原蛋白又称胶原，是皮肤真皮的主要组成成分。胶原蛋白分子中含有的酰胺基团和羟基数目较多，由于这两种基团的存在使其具有很强的吸水保湿作用，因此胶原蛋白能够使得皮肤保持湿润且组织饱满。但是，宋芹等研究者指出，随着年龄的增长，人的皮肤内的胶原会发生老化甚至降解，分子间会形成不规则的架桥，从而降低皮肤的保湿能力，使皮肤变得干燥而粗糙，皱纹也会随之产生。因此，人们常通过补充胶原蛋白达到延缓衰老的美容保健效果。现代研究表明，通过生物酶解技术水解胶原蛋白制备的小分子质量胶原蛋白寡肽，可作为化妆品或功能性食品原料，达到更好的美容保健效果。可以说，胶原蛋白肽在应对皮肤衰老等问题上已展现出良好的应用前景。

第一节　皮肤及皮肤老化

一、皮肤及其结构

皮肤，指身体表面包裹在肌肉外面的组织。作为人体最大的器官，皮肤总重量占体重的5%～15%，总面积为1.5～2.0m^2。皮肤在生活中一方面能够防止体内水分、电解质和其他物质的丢失，另一方面具有阻挡外来侵入的作用。不仅如此，皮肤还具有维持体温、阻隔外界刺激、感觉外来事物等功能，承担着保护身体、排汗、感觉冷热和压力的任务。

人的皮肤由外及里主要分为表皮层、真皮层、皮下组织层三层，并含有附属器官（汗腺、皮脂腺、指甲、趾甲）以及血管、淋巴管、神经和少量肌肉等，皮肤结构如图5-1所示。

（一）表皮层

根据细胞的不同发展阶段和形态特点，理论上将皮肤的表皮层由外向内分为五层。

①角质层：由数层角化细胞组成，含有角蛋白。能够抵抗摩擦，防止体液外渗和化

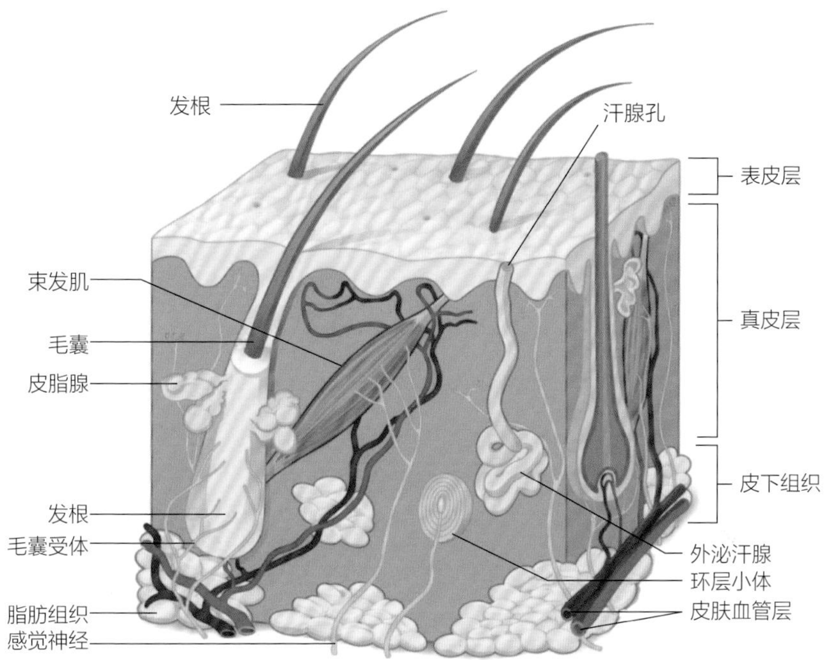

图5-1　皮肤结构

资料来源：https://courses.lumenlearning.com/suny-wmopen-biology2/chapter/structure-and-function-of-skin。

学物质内侵。角蛋白吸水力较强，一般含水量不低于10%，以维持皮肤的柔润；如低于此值，皮肤则会干燥，出现鳞屑或褶裂。

②透明层：通常位于角质层之下，苏木精-伊红染色法染色后可观察为薄而均一的嗜酸色带，能防止水分、电解质和化学物质的透过，故又称屏障带。

③颗粒层：由多层扁平或者梭形细胞组成，含有大量深嗜碱性透明角质颗粒。颗粒层扁平梭形细胞层数增多时，称为粒层肥厚，并且同角质层的厚度有正比关系；若颗粒层消失，则会出现角化不全的现象。

④棘细胞层：由多角形的棘细胞组成，含有多个棘状突起，胞体较为透明。

⑤基底层：仅由一层圆柱细胞组成。此层细胞代谢活跃，可以不断分裂，并逐渐变形，分化形成表皮的其他各层，最后角化脱落。基底细胞分裂后至脱落的时间，一般是28d，称为更替时间，其中自基底细胞分裂后到颗粒层最上层为14d，形成角质层到最后脱落为14d。基底细胞间夹杂一种来源于神经嵴的黑素细胞，占整个基底细胞的4%～10%，能产生黑素（色素颗粒），决定皮肤颜色的深浅。

（二）真皮层

主要由结缔组织组成，来源于中胚叶，由纤维、基质和细胞构成。真皮层主要分为两层，即乳头层和网状层，两者无明显界限。真皮层的厚度可达表皮层的数十倍。

①纤维：由胶原纤维、弹性纤维和网状纤维三种组成。其中，胶原纤维含量最为丰富，约占95%，并集合组成束状。胶原纤维在乳头层和网状层的排列方式和形态不同，在乳头层胶原纤维束较细，排列紧密，走行方向不一，亦不相互交织；而在网状层纤维束则较粗，排列较疏松并且交织成网状，与皮肤表面平行较多。因纤维束呈螺旋状，故有一定的伸缩性。弹力纤维在网状层下部较多，多盘绕在胶原纤维束下及皮肤附属器官周围。除赋予皮肤弹性外，弹力纤维也构成皮肤及其附属器的支架。网状纤维被认为是未成熟的胶原纤维，它环绕于皮肤附属器及血管周围。

②基质：由纤维母细胞分泌得来，是一种无定型物质，充塞于纤维和胶原之间的间隙内，主要由酸性黏多糖尤其是透明质酸和硫酸软骨素构成。

③细胞：主要包括成纤维细胞、组织细胞、肥大细胞等。成纤维细胞是皮肤真皮中的主体细胞，可以分泌出胶原纤维、弹性纤维等成分，这些与成纤维细胞共同构成真皮。组织细胞是网状内皮系统的一个组成成分，具有吞噬微生物、代谢产物、色素颗粒和异物的能力，起着有效的清除作用。肥大细胞存在于真皮和皮下组织中，以真皮乳头层为最多。

（三）皮下组织

皮下组织在真皮的下部，由疏松结缔组织和脂肪小叶组成，其下紧临肌膜。皮下组织的厚薄依年龄、性别、部位及营养状况而异，有防止散热、储备能量和抵御外来机械性冲击的功能。

二、皮肤衰老

衰老（Intrinsic Aging）是指机体器官对环境改变的适应性随年岁增长逐渐下降，进而使肌体易患疾病或引起死亡。皮肤衰老是一个复杂漫长的过程，解释皮肤衰老的代表性学说有基因遗传学说、自由基学说、代谢失调学说、交联学说等（图5-2）。Gilchrest等发现，皮肤作为重要的代谢器官，其衰老时许多代谢酶类的活性会下降。此外，真皮厚度变薄，可溶性胶原蛋白含量减少，胞外间质中透明质酸和硫酸皮肤素含量下降，以及糖胺多糖总含量下降等现象都是此时期的重要变化。皮肤衰老的生理结果是老年皮肤失去增殖能力，这一方面使其抗剪切能力减弱；另一方面郎格汉斯细胞和黑素细胞数目的明显下降、脂褐质含量的明显增加，会使皮肤呈现出老年斑和其他色素沉着症状。

王红丽等在其研究中指出，胶原蛋白是皮肤真皮的重要成分。随年龄的增长，胶原蛋白发生交联、老化，胶原蛋白中特有的氨基酸——羟脯氨酸含量会明显降低。因此，羟脯氨酸含量的变化常可作为判定皮肤衰老程度的一个敏感指标。同时，陈悦等也指出胶原广泛存在于皮肤、结缔组织中，约占细胞总蛋白的25%，有保护机体、支撑器官的作用，也是皮肤承受拉力的物质保障。胶原和弹性纤维不但能保持皮肤形态，还能保持皮肤光滑和弹性。因此，胶原和弹性纤维减少是皮肤老化的主要标志。

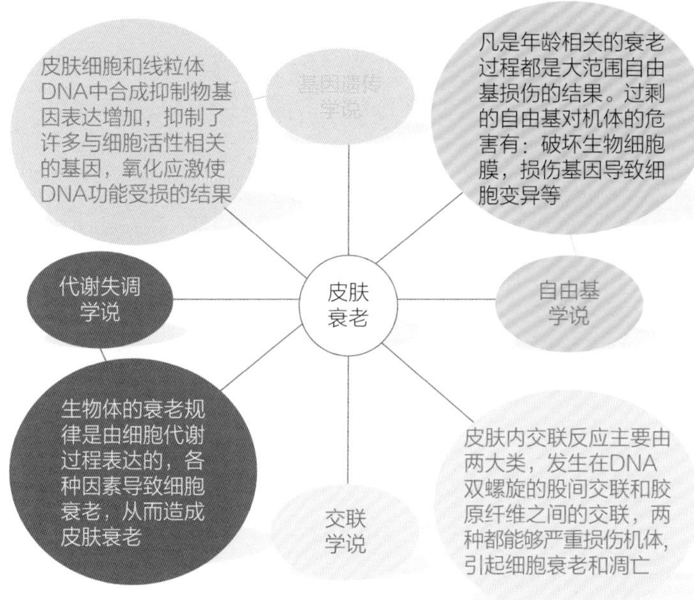

图5-2　**皮肤衰老学说**

三、自然老化与光老化

皮肤老化一般分为两种形式：自然老化和光老化。通常，自然老化是由机体内因所致，如遗传或内分泌等生理变化；而光老化则是由外因引起，如紫外线、风吹、气候等环境变化。因此自然老化和光老化又可称为内因性皮肤老化和外因性皮肤老化。

自然老化，是指由机体内在因素的作用（主要为遗传因素）引起，见于暴露部位和非暴露部位，明显特征为皱纹的出现和皮肤的松弛。例如，发生于老年人非暴光部位皮肤的临床、组织学、生理功能的退行性改变，它是随着时间推移和年龄增长而自然发生于皮肤组织的结构和生理功能的变化。这些变化主要表现为：皮肤松弛、干燥、脆性增加，并且发生脱屑现象；同时，皮肤的修复功能也随之减退，毛发数量减少。角质层中水是最重要的塑性物，角质层中的水分含量为10%～15%。造成皮肤中水分含量恒定的因素主要是一些天然的保湿因子，如氨基酸、尿素、乳酸盐、磷酸盐等；而随着年龄的增长，皮肤中的保湿因子含量逐渐减少，使皮肤中的水合能力下降。皮肤中汗腺和皮脂腺的功能和数目都减少也是导致皮肤干裂，皱纹数目增多的因素之一。

光老化，是指皮肤衰老过程中紫外线损害的积累，是自然老化和紫外线辐射共同作用的结果，主要表现为皮肤暴露部位粗糙、皱纹加深加粗、结构异常、不规则性色素沉着、血管扩张、表皮角化不良、出现异常增殖、真皮弹性纤维变性及降解产物蓄积等。光老化主要是由于日光中的紫外线（UV）引起的。UV又可分为短波紫外线（UVC，波长为200～290nm）、中波紫外线（UVB，波长为290～320nm）和长波紫外线（UVA，波长为320～400nm）。UV透入皮肤的深度与其波长有关。波长越短，被皮肤表面角质层吸收和反射的比例越大。随波长的增加，穿过角质层从而透入皮肤的量增加，深度也增加。不同UV的生物学作用不同，UVB的长期照射可使皮肤产生广泛的结缔组织光损伤，并能诱发皮肤癌；UVA的强烈照射可导致皮肤出现红斑和血管损伤，也可诱发皮肤癌，而且由于UVA仅使皮肤晒黑，但不能对其后的日晒伤起保护作用，因此UVA比UVB更有害。UVC经过大气同温层时，被臭氧层吸收，无法到达地面，对人体无害。

无论是内因性还是外因性皮肤老化，它们之间既有本质区别又有必然联系。有些关系和机制至今还没有完全搞清楚，特别是对皮肤老化的生理、生化和组织形态学变化进程以及这些过程中出现的一系列分子生物学方面的变化还了解较少。

陶宇在沙海蜇胶原蛋白肽对光老化小鼠皮肤的保护作用及体外透皮吸收研究中给出了光老化与自然老化的比较，如表5-1所示。

表5-1 光老化与自然老化的比较

比较项目	光老化	自然老化
发生年龄	儿童时期开始，逐渐发展	成年以后开始，逐渐发展
发生原因	光照主要是紫外线辐射	固有性，机体老化的一部分

续表

比较项目	光老化	自然老化
影响范围	仅光照部位	全身性、普遍性
临床表现	干燥，多皱纹，粗糙，皮脂腺明显增大，毛细血管扩张、点状色素沉着。皮肤可出现多种皮肤病	皮肤皱纹细而密集，松弛下垂，正常皮纹加深。可出现老年性血管瘤，其他肿瘤少见
组织学表现	1. 严重光损伤时，真皮内有大量蓬乱增生的弹力纤维，最终成为无定形团块 2. 成熟胶原纤维减少，未成熟胶原纤维增多，胶原被UV照射后所致的炎症浸润细胞的酶水解 3. 真皮结缔组织的基质中蛋白多糖和氨基多糖（透明质酸）的含量增加 4. 纤维母细胞增多，肥大细胞丰富且部分脱颗粒 5. 表皮增厚，真皮细胞变型且极性消失：大小不等，染色特征改变。	弹力纤维仅轻度增加、变粗，成熟胶原纤维变得更稳定，可抵抗酶的降解作用；胶原束变粗，基质中多糖的含量减少，细胞数减少，表皮中度变薄，真皮表皮连接处变平

资料来源：陶宇。沙海蜇胶原蛋白肽对光老化小鼠皮肤的保护作用及体外透皮吸收性能的研究［D］，青岛：中国海洋大学，2012。

第二节 胶原蛋白与皮肤健康

一、胶原蛋白及其结构

《胶原与胶原蛋白》一书中提到，胶原蛋白主要存在于陆生或水生动物的结缔组织中如皮肤、软骨、肌腱等，是一种含有三螺旋结构区域的结构蛋白。胶原在动物体内约占总蛋白质含量的25%，是一类分布最广、含量最丰富的蛋白质。

目前已经发现胶原并非某一个蛋白质，而是一组结构上既有相同特点又存在差异的蛋白质。Pace等指出，目前已经发现的胶原蛋白种类有27种，按照他们被发现的先后顺序，命名为 I 型胶原蛋白、II 型胶原蛋白和 III 型胶原蛋白等。

由图5-3可见，胶原蛋白具有独特的三股螺旋结构，由三个超螺旋聚脯氨酸型链组成。由于这种聚脯氨酸型链中含有大量的重复单元——甘氨酸-氨基酸X-氨基酸Y（Gly-X-Y）以及亚氨基酸，这些序列残基之间的相互作用才产生了独特的三螺旋构象。同时，肽链中所含大量的脯氨酸和羟脯氨酸残基形成的氢键具有稳定肽链之间 II 型结构的作用，甘氨酸则可以使得三个延长链紧密堆叠，从而形成稳定的三螺旋。

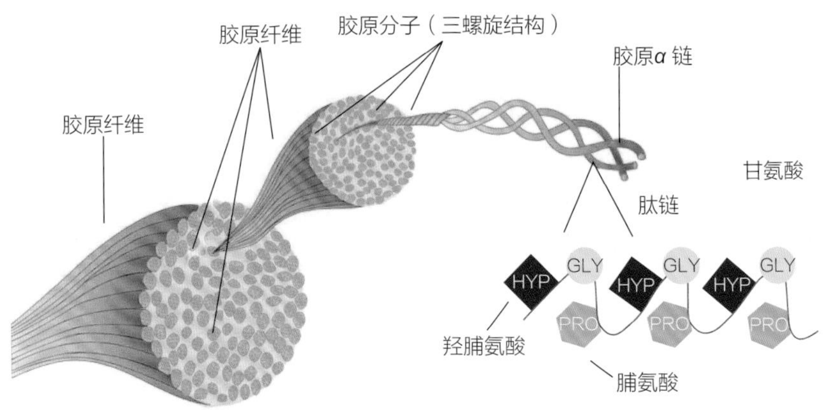

图5-3 胶原蛋白分子结构

资料来源：http://tupian.baike.com/doc/%E8%83%B6%E5%8E%9F%E8%9B%8B%E7%99%BD/a2_35_12_203005441984911503911259338 43_jpg.html。

Fietzek等研究指出，胶原蛋白序列中的Gly-X-Y三肽重复单元中的X和Y位置上的氨基酸并非随机分布。最早在X位发现的氨基酸是苯丙氨酸、亮氨酸和谷氨酸，而最早在胶原蛋白Y位置发现的氨基酸是蛋氨酸和精氨酸。而Bansal认为，Y位置处某些残基所形成的空间位阻、胶原肽链侧链和主链之间的相互作用以及侧链和侧链之间的相互作用决定了三股螺旋的结构。

Vercruysse在其论文中指出，胶原蛋白和它的部分水解螺旋形式的明胶，含有大量甘氨酸、丙氨酸、脯氨酸、羟脯氨酸及缬氨酸等非极性氨基酸。而Mendis等研究发现这些氨基酸所具备的疏水性可以通过抑制脂肪的过氧化反应等机制来维持皮肤健康。Sarmadi等提到含有脯氨酸和羟脯氨酸的肽普遍难以被酶降解，这也使得胶原蛋白酶解产生的小分子肽能够保留相对完整的序列和结构。

二、胶原肽与皮肤健康的关系

胶原蛋白肽可以增强细胞活力，增加皮肤光泽，维持皮肤锁水保湿能力，显现人体年轻健康。陈华等指出，0.01%的胶原肽就能表现出抵抗辐射的作用，其淡化色斑、消除黑眼圈、美眉、丰乳等功效也逐一得到证明。由于胶原富含羟基、氨基等亲水基团，因此它还具有良好的保湿性。胶原肽的总体保湿效果一般要强于现在市场上所销售的护肤品，其三肽更是具有促进人皮肤成纤维细胞胶原和透明质酸生成、改善皮肤弹性的作用。除护肤功效显著外，胶原肽还具有安全性高、吸收性好、透明、无臭、无刺激等优点。相比大分子质量物质，相对分子质量较小的胶原肽分子可渗入皮肤或透过皮质层，起到增强皮肤营养的作用，因而胶原肽是一种优质的化妆品原料。例如，从日本刺参以及鱿鱼中发现的胶原蛋白肽就可以抑制B16黑素瘤细胞黑素的合成，具备加工成为无毒副作用的天然美白化妆品的潜力。另外，Adibi在实验中通过观测受试者口服肽类药物后血液中小肽的含量变化，发现吸收速率和吸收量：三肽>二肽>单个氨基酸，这也为胶原肽类药物和保健食品等产品的应用提供了理论基础。综上，通过外用或内服等方式补充一定量的胶原寡肽，有助于提高皮肤保水能力，从而起到紧致肌肤、淡化干纹的作用。可以说，胶原肽在延缓皮肤衰老方面的功效已得到长期应用和广泛认可。

就市场应用状况来看，目前胶原肽以其独特的分子结构和较小的分子质量、良好的渗透性、适当的氨基酸构成、与皮肤良好的相容性、体内外保湿性、与维生素C的协同作用、促进透明质酸的合成等优势，成功地应用于保湿型化妆品，如护肤乳、面膜等。与此同时，高抗氧化活性胶原肽的制备也为深入研究其在食品及化妆品领域的应用奠定了基础。

除保护正常皮肤的健康外，郭爱华等研究发现胶原肽还可以参与创伤愈合，通过促进肉芽组织的生成，从而加速创面的愈合。在修复皮肤创伤方面，胶原肽的优越性则主要表现在其天然、无毒、安全的特质以及对皮肤无刺激的特性上，并且加工成本较低，因此可以作为一种伤口愈合剂被广泛地应用。有研究表明，将胶原蛋白作为生物材料覆盖在烧伤患者的创面上，可以起到促进表皮细胞生长的作用，利于创面的愈合，可大幅缩短伤口愈合所需要的时间。胶原还可以促进纤维细胞、血管皮细胞的分化并形成基质，激活巨噬细胞的吞噬功能，提高机体的免疫活性，从而降低创面被感染的机会。因此，胶原肽不仅可以作为化妆护肤品，其在治疗皮肤疾病、维持皮肤健康等药剂工业上也有广泛的应用。

李幸在鳕鱼皮胶原肽护肤效果的研究中总结了胶原蛋白在工业领域的部分应用（表5-2）。

表5-2 胶原蛋白的应用

领域	用途
医学材料	手术缝合线、敷料、人工皮肤、人工食管、人工血管、心脏瓣膜、骨的修复、代血浆、药物载体
医学用途	整形外科、缓释型药物
美容	保湿、抗衰老、美白、护发

续表

领域	用途
食品	保健食品、添加剂、可食包装膜
其他	表面活性剂、制革、饲料、造纸

资料来源：李幸。鳕鱼皮胶原肽保湿护肤效果的研究［D］，青岛：中国海洋大学，2014。

第三节　胶原蛋白肽改善皮肤健康的发展现状与前景展望

胶原蛋白是人体皮肤真皮层的主要组成成分，它与少量弹性蛋白共同构成规则的胶原纤维网状结构，使皮肤具有一定的弹性和硬度；同时胶原蛋白还是皮肤表皮层及表皮附属器官（毛发等）的营养供应站，为表皮输送水分。随着年龄的增长，人体自身合成胶原蛋白的能力逐渐降低造成胶原蛋白流失，真皮层胶原蛋白所形成的规则网状结构逐渐发生变形、固化和黏连，甚至发生崩解，导致皮肤水分减少、变薄、产生皱纹、失去弹性和光泽等老化现象。尹利端等在行业调查综述中提到，水解胶原蛋白得到的多肽能够为人体胶原蛋白的合成提供优质的氨基酸原料（尤其是脯氨酸和羟脯氨酸等特殊氨基酸），促进胶原蛋白的合成并及时补充人体皮肤流失的胶原蛋白，从而实现改善皮肤水分、延缓皮肤衰老的目的。目前，以胶原蛋白为主要原料开发的美容功能食品日益受到人们的推崇，这类食品符合现代人"从内到外"追求美丽的理念。

一、胶原蛋白肽改善皮肤健康的发展现状

近年来，国内外杂志期刊上对胶原蛋白肽的研究文献不在少数。大部分研究者都是就胶原蛋白肽对皮肤损伤的修复以及增补作用进行了相关研究。尽管多种膳食补充剂都声称具有皮肤抗老化的功效，但很少有人通过研究来证实。下面，就近期科学界在该方向的研究做简要举例说明。

首先，Proksch等采用一项双盲、安慰剂对照研究发现，口服胶原蛋白肽能够显著改善人的皮肤健康。在这次双盲、安慰剂效应对照实验中，69名年龄在35～55岁的女性每天随机服用2.5或5.0g胶原蛋白水解物（CH）或安慰剂，持续8周，每个治疗组包括23名受试者。口服产品前，对受试者们的皮肤弹性、皮肤水分、经表皮水分损失以及皮肤粗糙度进行测定，记为t_0时刻；4周后再次测定记为t_1时刻，8周后记为t_2时刻，最后结

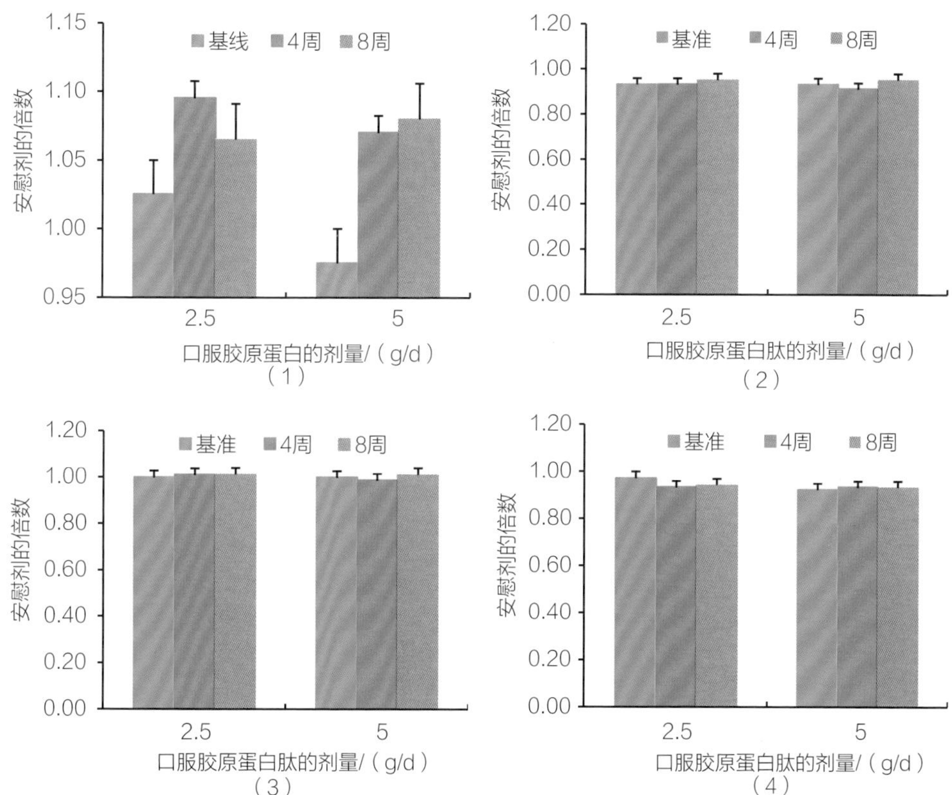

图5-4　胶原蛋白肽治疗期间受试者皮肤弹性（1）、水分（2）、水分损失（3）和粗糙度（4）的变化

资料来源：Proksch E，et al。Skin pharmacology and physiology，2014，27（1）：47-55。

果如图5-4所示。在最后一次服用CH的4周后，再次检测皮肤弹性，记为t_3。最终结果表明，研究中服用CH的人群皮肤弹性相比于安慰剂对照组显著增强。而处理4周后，老年女性的皮肤弹性也有较为明显的改善。

鱼鳞衍生胶原蛋白肽（CPs）的特点是其含有高浓度的甘氨酸、脯氨酸和羟脯氨酸。Koizumi等通过一种随机、安慰剂效应对照的双盲实验，研究了鱼鳞衍生胶原蛋白肽对皮肤的影响。为了研究来源于鱼鳞的胶原蛋白肽对女性皮肤的改善作用，实验随机选取30～60岁健康女性作为研究对象，并重点以眼眶周围皱纹变化、面部皮肤水分以及皮肤弹性作为测试指标。具体实验方法为71名受试者在12周内每天服用20mL含有3000mg CPs或者安慰剂的饮料。最终结果表明，相比于对照组，服用了12周CPs后的受试者眼眶周围皱纹显著（$p<0.05$）减少，结果如表5-3所示。本次研究同样表明，通过膳食摄入CPs可以不断增加面部皮肤的水分含量和增强皮肤弹性，并且不会有任何副作用或不良效应。这些发现说明鱼鳞衍生的CPs作为一种皮肤抗老化性质的天然增补剂，具有广

表5-3 12周饮用CPs或安慰剂后皮肤参数的变化

皮肤参数	安慰剂组（$n=34$）			胶原蛋白肽组（$n=37$）		
	基准	相对变化量/%		基准	相对变化量/%	
		6周后	12周后		6周后	12周后
眼眶周的皱纹						
R1（皮肤粗糙度）	0.144±0.004	2.009±1.491	3.698±1.398	0.139±0.003	1.171±1.285	−4.094±1.390
R2（最大粗糙度）	0.110±0.002	−1.841±1.158	−0.988±1.276	0.106±0.002	0.102±1.445	−3.022±1.345
R3（平均粗糙度）	−0.083±0.001	−1.597±0.900	−1.496±1.328	0.082±0.001	−2.256±1.492	−5.116±1.286
R4（平滑粗糙度）	0.063±0.002	6.568±3.052	8.715±3.385	0.062±0.002	0.578±2.779	−4.198±2.649
R5（算数平均粗糙度）	0.018±0.001	5.882±4.919	11.274±5.528	0.018±0.001	−1.351±3.055	−0.450±5.793
皮肤水分含量						
皮肤水分含量	49.585±1.106	1.856±1.047	4.017±1.307	49.812±1.224	6.646±1.446	10.891±1.315
皮肤弹性						
R2（总弹性）	0.736±0.008	−0.264±0.458	0.938±0.677	0.730±0.007	2.272±0.493	4.320±0.534
R5（净弹性）	0.491±0.011	0.315±0.908	0.574±0.837	0.486±0.010	4.857±0.777	6.543±1.089
R7（生物学弹性）	0.348±0.008	1.733±0.932	2.034±1.389	0.344±0.007	4.807±0.779	6.814±1.049

资料来源：Koizumi S，et al。International Journal of Peptide Research and Therapeutics，2017：1-6。

阔的发展前景。

Duteil等评估了3种鱼类胶原蛋白水解物（CHs）对成熟女性3个身体部位的皮肤老化迹象存在的潜在抗性影响。实验观察到成年女性口服具有特定天然生物活性的Ⅰ型胶原蛋白具有抗皮肤老化的作用。该研究采用双盲、随机以及安慰剂对照临床研究：令60名46～69岁面部有皮肤老化迹象的女性随机每日服用一次5g的CHs或者安慰剂，共持续8周。处理4～8周后评价皮肤生物力学指标、皮肤含水量，以及肉眼观察评价鱼尾纹。结果表明，相比安慰剂对照组，3种CHs，特别是CH_2对皮肤质量有显著的提高作用。这其中，CH_3可使整体皮肤弹性显著提高（$p=0.017$）；而CH_2对腹部皮肤也有显著作用（$p=0.044$）。在服用了CH_2和CH_3 8周以后，受试者鱼尾纹的明显减少也进一步确认了上述结论。

Chai等研究了鱼鳞胶原蛋白肽（FSCPs）的分子大小和形状结构对面部皮肤质量以及皮肤渗透效率的影响。其中鱼鳞胶原蛋白多肽是用一种特定的组合蛋白酶水解罗非鱼鱼鳞而得到的。FSCPs被认为在一段时间和剂量依赖性的情况下可刺激成纤维细胞增殖和胶原蛋白合成。使用Franz-type扩散细胞模型来评估FSCPs肽段的皮肤渗透性，结果表明较大分子质量的FSCPs（3500～4500u），与较轻的FSCPs（1300～2000u）相比拥有更大的累积渗透性。此外，在激光共聚焦显微镜下，分子质量大的FSCPs似乎保留了良好的螺旋结构，相比之下分子质量小的主要成线性。因此，FSCPs尤其是大分子质量的FSCPs，可以认为它们能够有效穿越角质层到达表皮和真皮，从而激活成纤维细胞，加速胶原蛋白的合成；且大分子质量的FSCPs可能是由于保留了更好的结构特征而比小分子质量的更具皮肤渗透性。Chai等给出鱼鳞胶原蛋白肽对皮肤含水量以及弹性的影响，如图5-5所示。

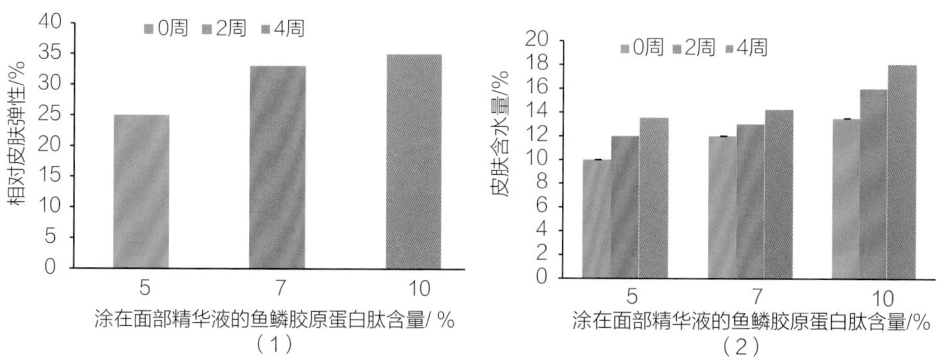

图5-5　鱼鳞胶原蛋白肽对皮肤水分含量（1）和相对弹性（2）的影响

资料来源：Chai H J，et al。Journal of BioMed Research，2010。

对于胶原蛋白肽改善皮肤健康状况的机制，许多研究已经证实在人体外围血液内存在两种主要的胶原蛋白肽，脯氨酰羟基脯氨酸（Pro-Hyp）以及羟脯氨酰甘氨酸（Hyp-Gly）。在体外的一些研究中已经证实Pro-Hyp和Hyp-Gly在皮肤成纤维细胞中成趋势化作用，并能够提升细胞增殖。此外，Pro-Hyp能够加速皮肤成纤维细胞中玻尿酸的分泌。这些发现表明血液中一定数量的Pro-Hyp和Hyp-Gly是显示出胶原蛋白肽对皮肤健康有效性的重要因素。因此，Inoue等通过服用两种类型的胶原蛋白肽的随机双盲安慰剂对照临床试验，对上述机制进行了研究验证。实验中受试物由不同量的生物活性肽Pro-Hyp和Hyp-Gly组成，来调查它们提升皮肤状况的有效性。在实验开始4～8周后，检测皮肤水分、弹性、皱纹和粗糙度等皮肤状况，并以安慰剂组为对照标准，结果如表5-4、表5-5、表5-6所示。此外，实验还通过血液检测评估了膳食中服用这些肽的安全性问题。

最终数据表明，高浓度的胶原蛋白肽（H-CP）与低浓度的胶原蛋白肽（L-CP）和安慰剂对照组相比，在面部皮肤含水量、弹性、皱纹与粗糙度等指标上的改善效果更好。不仅如此，受试者在整个实验中没有出现不良反应。最后结论表明，服用高浓度的Pro-Hyp以及Hyp-Gly的胶原蛋白肽可以改善包括面部皮肤含水量、弹性、皱纹以及粗糙度等指标在内的面部皮肤状况。

表5-4 蛋白肽对面部皮肤含水量的作用

组别	基准	4周	4周后变化量/%	8周	8周后变化量/%
面部					
安慰剂组	25.53±14.31	26.68±15.96	4.5±14.92	25.42±14.88	−0.43±14.54
L-CP	23.25±12.51	27.73±12.88	19.27±15.14	28.63±12.57	18.79±12.85
H-CP	23.14±12.40	29.08±12.05	25.67±23.55	33.53±12.52	30.99±16.78
眼角					
安慰剂组	72.49±11.58	71.76±10.73	−1.01±7.27	70.85±10.20	−2.31±6.87
L-CP	70.11±11.25	75.56±9.57	7.77±8.91	78.42±8.21	10.60±11.55
H-CP	65.50±11.75	75.87±10.82	13.67±22.78	82.78±7.47	20.87±10.75

资料来源：Inoue N，et al。Journal of the Science of Food and Agriculture，2016，96（12）：4077-4081。

表5-5 蛋白肽对面部皮肤弹性的作用

组别	基准	4周	4周后变化量/%	8周	8周后变化量/%
面部					
安慰剂组	0.736±0.600	0.750±0.041	1.90±6.59	0.738±0.045	0.27±7.34
L-CP	0.739±0.058	0.745±0.044	0.81±7.71	0.749±0.039	1.35±7.44
H-CP	0.725±0.058	0.751±0.059	3.59±5.74	0.767±0.058	5.79±7.59
眼角					
安慰剂组	0.735±0.121	0.681±0.088	−7.35±13.61	0.679±0.087	−5.17±10.48
L-CP	0.689±0.138	0.673±0.099	−2.32±13.93	0.677±0.105	−1.74±17.13
H-CP	0.721±0.124	0.737±0.106	2.22±10.26	0.785±0.097	8.88±13.18

资料来源：Inoue N，et al。Journal of the Science of Food and Agriculture，2016，96（12）：4077-4081。

表5-6 蛋白肽对面部皮肤皱纹参数及粗糙度的影响

组别	基准	4周	8周
皱纹数量			
安慰剂组	0.021±0.004	0.020±0.003	0.021±0.004
L-CP	0.021±0.005	0.021±0.005	0.020±0.006
H-CP	0.021±0.004	0.021±0.004	0.017±0.005
皱纹范围			
安慰剂组	0.73±0.24	0.73±0.21	0.73±0.22
L-CP	0.69±0.15	0.68±0.14	0.67±0.15
H-CP	0.71±0.15	0.68±0.12	0.65±0.11
皱纹深度			
安慰剂组	56.79±3.60	56.91±3.06	56.52±2.29
L-CP	56.60±4.48	56.21±4.70	55.93±5.03
H-CP	55.86±2.49	54.08±3.02	51.78±3.26
粗糙度			
安慰剂组	23.69±1.74	23.58±1.60	23.42±1.60
L-CP	23.32±1.42	22.93±1.49	22.32±1.63
H-CP	23.15±2.26	21.65±2.23	20.27±2.18

资料来源：Inoue N，et al。Journal of the Science of Food and Agriculture，2016。

De Luca等通过单盲病例对照临床研究，探究服用海洋胶原肽（MCPs）及植源性抗氧化物对抗皮肤衰老以及体系氧化还原反应的影响。在临床试验研究中，41名志愿者服用鱼皮MCP结合植物来源的皮肤靶向性抗氧化剂（辅酶Q10＋葡萄皮提取物＋毛地黄黄酮＋硒）。并在治疗的两个月前和停止进食前后的两个月分别检测受试者皮肤指标（水分、弹性、皮脂分泌和生理年龄）以及超声标记（表皮/真皮厚度和声学密度）。实验结果表明，服用MCPs明显地提高了皮肤弹性、皮质分泌以及皮肤超声标记，如表5-7、表5-8、表5-9、表5-10所示。代谢数据表明血浆羟脯氨酸以及红细胞中ATP的存储量有明显的提升。氧化还原参数、谷胱甘肽/辅酶Q10的含量以及GPx/GST活性都未发生变化，然而内部一氧化氮和丙二醛得到了稳定生长，当然这是处于正常范围的。通过上述结果可知，MCPs与皮肤靶向性抗氧化剂的结合对改善皮肤性质具有有效并且安全的作用，同时这些不会提高氧化性损伤的风险。

表5-7 受试者对2个月食品补充管理的效果的主观评价（参与人数41） 单位：人

参数	受试人数		
	改善	无效应	加重
一般健康状况	21（51%）	20（49%）	0（0%）
耐力、肌肉强度、联合能动性	15（36%）	26（64%）	0（0%）
消化系统	0（0%）	41（100%）	0（0%）
皮肤状态	25（61%）	16（39%）	0（0%）

资料来源：De Luca C，et al。Oxidative medicine and cellular longevity，2016。

表5-8 2个月的食品补充管理对受试者真皮超声特性的影响

参数	预处理时期	处理前皮肤	处理后皮肤
厚度 /μm	3884 ± 30	3900 ± 31	4133 ± 28
声学密度	5.2 ± 0.2	5.1 ± 0.2	6.3 ± 0.1

数据参考：De Luca C et al。Oxidative medicine and cellular longevity，2016。

表5-9 2个月的食品补充管理对受试者表皮超声特性的影响

参数	预处理时期	处理前表皮	处理后表皮
厚度 /μm	76.9 ± 1.0	77.0 ± 0.8	77.6 ± 0.9
声学密度	35.6 ± 2.4	35.2 ± 2.2	35.4 ± 2.0

资料来源：De Luca C，et al。Oxidative medicine and cellular longevity，2016。

表5-10 2个月的食品补充管理对受试者皮肤生理参数的影响

参数	预处理时期	处理前皮肤	处理后皮肤
弹性	34.06 ± 1.54	33.66 ± 1.21	40.26 ± 0.87
水分含量	48.83 ± 3.02	49.03 ± 3.52	46.54 ± 3.02
皮脂	29.89 ± 4.16	29.37 ± 4.76	56.86 ± 4.04
生物学年龄	50.11 ± 1.91	49.51 ± 1.68	48.09 ± 1.74

资料来源：De Luca C，et al。Oxidative medicine and cellular longevity，2016。

Shigemura等研究了人体血液中的食源性胶原蛋白肽——脯氨酰羟基脯氨酸（Pro-Hyp）对老鼠皮肤上纤维母细胞生长的影响。研究表明，在摄入胶原蛋白肽后，产生在人的外周血中的脯氨酰羟基脯氨酸对老鼠皮肤成纤维细胞的移植和生长过程有一定影响。用牛胎儿血清（FBS）培养基在24孔板塑料板上培养小鼠皮肤圆片，经过72h的孵化，添加脯氨酰羟基脯氨酸（200nmol/mL）能够显著增加纤维母细胞从皮肤迁移的孔板的数量。而这种脯氨酰羟基脯氨酸的作用可以通过添加丝裂霉素来消除。从小鼠皮肤迁移的纤维母细胞被收集并培养于胶原蛋白凝胶中，发现即使在FBS存在的情况下，胶原凝胶上的纤维母细胞的生长也受到了抑制，而在塑料板上观察到了纤维母细胞的快速生长。随后向含有10%的FBS的媒介中添加脯氨酰羟基脯氨酸（0～1000nmol/mL），其能够以剂量依赖的方式增加纤维母细胞在胶原凝胶中的生长数量。这些结果表明，脯氨酰羟基脯氨酸可能会诱发皮肤表面的纤维母细胞的生长，并能够不断地增加从皮肤迁移的纤维母细胞的数量。

Hou等使用胃蛋白酶和碱性蛋白酶水解太平洋鳕鱼皮胶原蛋白得到的多肽，经超滤后喂给ICR小鼠，探究了两种小分子多肽PET1和PET2对紫外线辐射诱导小鼠的皮肤光老化的保护作用。将60只小鼠分成6组（a、b、c、d、e、f），每组10只。分别对各组小鼠进行如下处理：（a）不做任何处理；（b）只进行紫外线UV辐照；（c）UV辐照处理后灌胃50mg/（kg · bw）PET1多肽；（d）UV辐照处理后灌胃200mg/（kg · bw）PET1多肽；（e）UV辐照处理后灌胃50mg/（kg · bw）PET2多肽；（f）UV辐照处理后灌胃200mg/（kg · bw）PET2多肽。

将小鼠皮肤样品处理后用光学显微镜观察皮肤横截面，染色的结果如图5-6所示，其中胶原蛋白显示为红色沉积物。在正常组中，在表皮层下方具有很厚的一层胶原纤维束结构（a）。与正常组相比，UV照射导致胶原蛋白减少（b），PEP1或PEP2治疗结果表明这两种多肽对老鼠皮肤胶原蛋白含量有明显增加（c~f）。在此项研究中，剂量为50mg/（kg・bw）或200mg/（kg・bw）的PEP1或PEP2可用于增强抗氧化酶的活性，从而产生表皮下的胶原纤维的保护作用。但可以看出PEP1［200mg/（kg·bw）］治疗组与正常组之间无显著差异（d）。

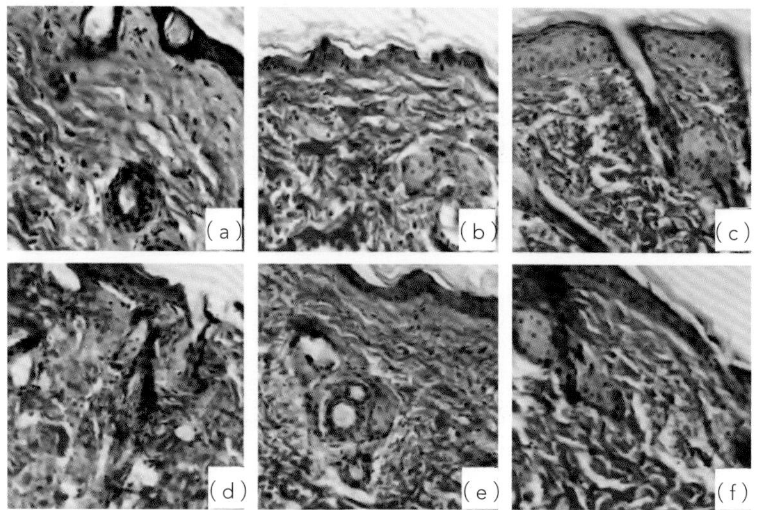

图5-6　PET1和PET2胶原肽后对紫外辐射诱导ICR小鼠皮肤光老化的治疗作用

（a）正常组；（b）不处理；（c）50mg/（kg·bw）PET1；（d）200mg/（kg·bw）PET1；（e）50mg/（kg·bw）PET2；（f）200mg/（kg·bw）PET2

资料来源：Hou，et al。Food Chemistry，2012，115（3）：945-950。

二、胶原蛋白肽改善皮肤健康的发展趋势

近年来，国内外关于胶原蛋白肽的研究极为活跃。胶原蛋白肽凭借其较弱的抗原性和良好的生物相容性，在美容祛皱、保护皮肤、硬组织修复、创面止血等医药卫生领域具有广阔的应用前景。越来越多的证据表明，在膳食中补充胶原蛋白肽能够促进关节、指甲和毛发中的细胞外基质合成，减少骨质丢失，改善皮肤的屏障功能，修复骨、肌腱损伤。

并且，随着医学美容业的快速发展，由内而外的营养美容理念已广为民众接受。前文介绍道：胶原蛋白流失会加速皮肤衰老，导致皮肤出现粗糙干燥、小细纹、皱纹。从而使皮肤失去弹性且缺乏生气。幸运的是，胶原蛋白多肽的人体临床研究证实，膳食摄入胶原蛋白肽能改善皮肤的保湿度和柔软度，减少细皱纹，预防深皱纹，改善皮肤光滑度。同时，胶原蛋白多肽含有特殊氨基酸的纯Ⅰ型胶原蛋白，具有完全独特的生物活性成分，耐热，不易与其他成分发生反应，分子质量小，很容易被消化吸收，有很好的生物利用度。

对于我国而言，我国水产资源丰富且其潜在价值尚未得到充分利用，以水产品加工过程中产生的鱼皮、鱼鳞等下脚料开发水产胶原蛋白肽不但有利于降低环境污染，减少资源浪费，而且有利于降低对哺乳动物胶原的需求依赖，还有利于创造巨大的经济效益和社会效益。随着对胶原蛋白肽研究和应用的逐渐深入，其确切的保健功能和优良的加工特性正越来越受到人们的青睐，胶原蛋白肽原料必将会被更加广泛地应用于功能性食品行业，其应用前景也必将越来越广阔。

参考文献

［1］安广杰．以水解明胶和蛋氨酸月桂酯为基质的类蛋白反应的研究［D］．无锡：江南大学，2005.

［2］陈华，易湘茜，陈忻，等．海洋胶原蛋白肽的制备及生物活性研究进展［J］．中国食物与营养，2010（8）：57-60.

［3］陈锦．人脸皮肤粗糙度的量化评价及其在医学美容界的应用［D］．成都：电子科技大学，2009.

［4］陈悦，李路，李云坤，等．小分子金枪鱼多肽对小鼠记忆力、皮肤弹性及睡眠的影响［J］．基因组学与应用生物学，2018：1-9.

［5］符移才．皮肤衰老和细胞衰老［J］．临床皮肤科杂志，2000，29（4）：245-247.

［6］郭爱华，柳大烈，赵女曼．胚胎无瘢痕愈合的调控机制研究：（Ⅱ）胎儿皮肤成纤维细胞体外合成胶原的实验研究［J］．中国组织工程研究，2002，6（2）：212-213.

［7］郭洪辉，王令充，洪专．河豚鱼皮胶原寡肽的护肤美白功效研究［J］．中国海洋药物，2015，34（4）：37-42.

［8］韩凤杰，赵征．酶法制取比目鱼皮胶原蛋白寡肽［J］．食品研究与开发，2006，27（8）：104-107.

［9］蒋挺大．胶原与胶原蛋白［M］．化学工业出版社，2006.

［10］李幸．鳕鱼皮胶原肽保湿护肤效果的研究［D］．青岛：中国海洋大学，2014.

［11］刘玮，张怀亮．皮肤科学与化妆品功效评价［M］．北京：化学工业出版社，2005.

［12］宋芹，陈封政，颜军，等．一种胶原蛋白寡肽促进皮肤胶原蛋白与透明质酸合成的研究［J］．食品工业科技，2013，34（1）：105-107.

［13］陶宇．沙海蜇胶原蛋白肽对光老化小鼠皮肤的保护作用及体外透皮吸收性能的研究［D］．青岛：中国海洋大学，2012.

［14］王春侠．胶原蛋白在医疗保健领域的应用研究［J］．现代医药卫生，2011，27（23）：3588-3590.

［15］王红丽，吴铁，吴志华，等．丹参酮和维生素E抗皮肤衰老作用的比较研究［J］．中国老年学，2003，23（12）：861-862.

[16] 王静凤，王奕，崔凤霞，等．鱿鱼皮胶原蛋白多肽对B16黑素瘤细胞黑素合成的影响［J］．中国药理学通报，2007，23（90）：1181-1184.

[17] 吴鹏，李平亚，李启洋．海星胶原蛋白成分及生物活性的研究进展［J］．时珍国医国药，2006，17（7）：1296-1298.

[18] 宣敏．自噬参与衰老皮肤创面愈合的相关实验研究［D］．广州：南方医科大学，2014.

[19] 尹利端，石丽花，王桐，王立志．海洋胶原蛋白肽在功能性食品中的应用［J］．明胶科学与技术，2013，33（2）：55-58.

[20] Adibi S A. Intestinal phase of protein assimilation in man [J]. American Journal of Clinical Nutrition, 1976, 29(2): 205-15.

[21] Bansal M. Stereochemical restrictions on the occurrence of amino acid residues in the collagen structure [J]. International Journal of Peptide and Protein Research, 1997, 9(3): 224- 234.

[22] Bella J, Brodsky B, Berman H M. Hydration structure of a collagen peptide [J]. Structure, 1995, 3(9): 893-906.

[23] Birk D E, Bruckner P. Collagen Suprastructures [M]. Collagen. Springer Berlin Heidelberg, 2005: 185-205.

[24] Chai H J, Li J H, Huang H N, et al. Effects of sizes and conformations of fish-scale collagen peptides on facial skin qualities and transdermal penetration efficiency[J]. Journal of BioMed Research, 2010, 2010: 1-9.

[25] De Luca C, Korkina L G, et al. Skin antiageing and systemic Redox effects of supplementation with marine collagen peptides and plant-derived antioxidants: a single-blind case-control clinical study[J]. Oxidative Medicine and Cellular Longevity, 2016: 1-14.

[26] Djabourov M, Lechaire J P, Gaill F. Structure and rheology of gelatin and collagen gels [J]. Biorheology, 1993, 30(3-4): 191-205.

[27] Duteil L, Queille-Roussel C, Maubert Y, et al. Specific natural bioactive type 1 collagen peptides oral intake reverse skin aging signs in mature women[J]. Journal of Aging Research & Clinical Practice, 2016, 5(2): 84-92.

[28] Fietzek P P, Kuhn K. Information contained in the amino acid sequence of the α 1 (I)-chain of collagen and its consequences upon the formation of the triple helix, of fibrils and crosslinks [J]. Molecular and Cellular Biochemistry, 1975, 8(3): 141-157.

[29] Gerald D W, Thomas P N, Peter E P, et al. Topical tretinoin for treatment of photodamaged skin [J]. Archives of Dermatology, 1991, (127): 659-665.

[30] Gilchrest B A, Garmys M, Yaar M. Aging and photoaging effect gene expression in cultured human keratinocyte [J]. Archives of Dermatology, 1994, 130(1): 82-86.

[31] Gilchrest B A. A review of skin aging and its medical therapy [J]. British Journal of Dermatology, 1996, 135(6): 867-875.

[32] Hou Hu, Li Bafang, Zhao Xue, et al. The effect of pacific cod (*Gadus macrocephalus*) skin gelatin polypeptides on UV radiation-induced skin photoaging in ICR mice [J]. Food Chemistry, 2012, 115(3): 945-950.

[33] Inoue N, Sugihara F, Wang X. Ingestion of bioactive collagen hydrolysates enhance facial skin moisture and elasticity and reduce facial ageing signs in a randomised double-blind placebo-controlled clinical study[J]. Journal of the Science of Food and Agriculture, 2016, 96(12): 4077-4081.

[34] Koizumi S, Inoue N, Shimizu M, et al. Effects of dietary supplementation with fish scales-derived collagen peptides on skin parameters and condition: A randomized, placebo-controlled, double-blind study [J]. International Journal of Peptide Research and Therapeutics, 2017: 1-6.

[35] Kramer R Z, Bella J, Brodsky B, et al. The crystal and molecular structure of a collagen-like peptide with a biologically relevant sequence [J]. Journal of Molecular Biology, 2001, 311(1): 131-147.

[36] Mendis E, Rajapakse N, Byun H G, et al. Investigation of jumbo squid (*Dosidicus gigas*) skin gelatin peptides for their in vitro antioxidant effects [J]. Life Sciences, 2005, 77(17): 2166-2178.

[37] Oikarinen A. The aging of skin: chronoaging versus photoaging [J]. Photoermatol Photoimmunol Photomed, 1990, 7(1): 3-4.

[38] Pace J M, Corrado M, Missero C, et al. Identification, characterization and expression analysis of a new fibrillar collagen gene, COL27A1.[J]. Matrix Biology, 2004, 22(1): 3-14.

[39] Proksch E, Segger D, Degwert J, et al. Oral supplementation of specific collagen peptides has beneficial effects on human skin physiology: a double-blind, placebo-controlled study[J]. Skin pharmacology and physiology, 2014, 27(1): 47-55.

[40] Reenstra W R, Yaar M, Gilchrest B A. Effect of donor age on epidermal growth factor processing in man [J]. Experimental Cell Research, 1993, 209(2): 118-122.

[41] Rich A, Crick F. The molecular structure of collagen [J]. Journal of Molecular Biology, 1961, 3(5): 483-484.

[42] Salem G, Traub W. Conformational implications of amino acid sequence regularities in collagen [J]. Febs letters, 1975, 51(1): 94-99.

[43] Sarmadi B H, Ismail A. Antioxidative peptides from food proteins: a review [J]. Peptides, 2010, 31(10): 1949-1956

[44] Shigemura Y, Iwai K, Morimatsu F et al. Effect of Prolyl-hydroxyproline (Pro-Hyp), a food-derived collagen peptide in human blood, on growth of fibroblasts from mouse skin[J]. Journal of Agricultural and Food Chemistry, 2009, 57 (2), 444-449.

[45] Takema Y, Hattori M, Aizawa K. The relationship between quantitative changes in collagen and formation of wrinkles on hairless mouse skin after chronic UV irradiation [J]. Journal of Dermatological Science, 1996, 12, 56-63.

[46] Vercruysse L, Van Camp J, Smagghe G. ACE inhibitory peptides derived from enzymatic hydrolysates of animal muscle protein: a review[J]. Journal of Agricultural and Food Chemistry, 2005, 53(21): 8106-8115.

第六章

肽与抗炎症

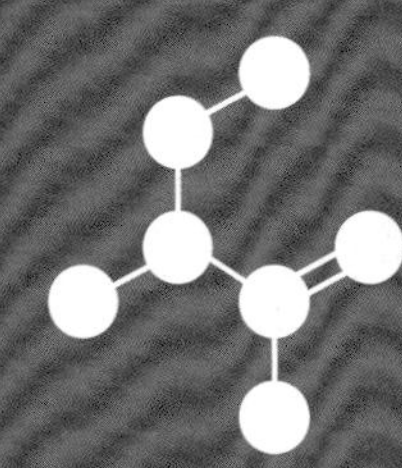

炎症病理生理学的主要研究已经清楚地表明，影响人类健康的关节炎、一些类型的糖尿病、肠道疾病以及肥胖症本质上或多或少是由炎症引起的。如今，多种抗炎药物已用于治疗炎症类病症，但药物往往带来副作用。因此，寻找新的天然抗炎药替代品的趋势逐渐增加。幸运的是，近年来的诸多研究表明食源性蛋白质水解物和活性肽在抗炎症方面具有很好的效果，在细胞和动物实验中也都展现出良好的抗炎作用，这一发现为新型抗炎药物的开发提供了很好的方向和启发。因此，食源活性肽正为治疗炎症性疾病提供新的选择。

第一节 炎症

一、炎症概述

炎症，人们俗称为“发炎”。它是机体应对组织损伤或抵御感染的重要宿主防御反应，是一种适应性免疫响应，具体可表现为红、肿、热、痛和功能障碍。需要注意的是，炎症可以是由感染引起的感染性炎症，但也可以是由非感染因素引起的非感染性炎症。由此我们认为，炎症一般是有益的，是人体的自动防御反应；但有时候炎症也是有害的，如自身免疫病中免疫系统对人体自身组织的攻击会导致组织损伤。就炎症发生的机制而言，免疫系统中的炎症细胞对外来物质入侵或炎症刺激可产生不同的炎症介质，如电子类、血管活性胺、细胞因子和趋化因子。这些介质具有复杂的多效性效应并可与多种类型的细胞相互作用，从而增强炎症反应。

能够引起机体组织或细胞损伤而导致炎症的因子称为致炎因子。致炎因子的种类繁多，最常见的是生物性致炎因子，包括细菌、病毒、支原体等微生物和寄生虫。致炎的化学物质分为内源性和外源性物质，病理条件下产生的代谢物质和机体坏死组织产生的分解产物为内源性物质，而外源性物质则包括强酸强碱等化学物质。低温、高温、机械性损伤和放射线等物理因素也会导致炎症的发生。

炎症反应根据持续时间的长短可分为急性炎症和慢性炎症。急性炎症是机体对致炎因子的刺激所发生的立即和早期的反应，起病急骤，持续时间短，仅几天到一个月；急性炎症反应以血管系统的反应为主，并以血液成分的渗出为特征。这种渗出对机体有积极作用，渗出液能够稀释毒素，补充氧和营养物质，带走炎症区内的有害物质，渗出液中的抗体也有利于防御和消灭病原微生物。但过多的渗出液也会压迫邻近组织，影响器官功能。慢性炎症的病程较长，一般可持续数月到数年，特征上以增生病变为主。慢性炎症可由急性炎症迁延而来，或由于致炎因子的刺激较轻并持续时间较长，一开始即呈慢性状态，如结核病或自身免疫性疾病等。发生慢性炎症时，局部病变多以增生改变为主，变质和渗出较轻；炎细胞浸润多以淋巴细胞、巨噬细胞和浆细胞为主。根据形态学特点，慢性炎症可分为非特异性慢性炎和肉芽肿性炎两大类。

在医学和免疫学领域，最近的科学研究已从细胞和分子层面提出了关于参与急性炎症应答、感染和组织损伤的不同理论。然而，对于导致局部慢性炎症的因素，尤其是在慢性感染和自体免疫方面，科学界目前还没有研究清楚。慢性炎症与多种疾病有关，包括哮喘、炎症性肠病（如溃疡性结肠炎和克罗恩病）、癌症、2型糖尿病、心血管疾病（如动脉硬化）还有中枢神经系统相关疾病（如帕金森综合征和认知障碍）。这些慢性炎症疾病还往往与组织功能障碍有关，如宿主防御以及一种或几种生理系统的组织修复细胞机制的失败。当前，这些慢性炎症性疾病的发病率呈上升趋势，严重威胁着人类健康。

二、常见的炎症疾病

炎症是十分常见而又重要的基本病理过程，体表的感染（如外伤感染、疖、痈等）和各器官的大部分常见病和多发病（如肺炎、肝炎、肾炎等）都属于炎症性疾病。下面笔者就对一些常见炎症疾病做简要介绍。

（一）毛囊炎

毛囊炎是葡萄球菌等细菌感染毛囊部位，从而使被感染组织发生化脓性炎症，常发病于患者头部、颈部、臀部等身体部位。本症起初为红色丘疹，逐渐演变成丘疹性脓疱，有轻度疼痛，治愈后可能会留有小片秃斑，容易复发。

现代医学认为毛囊炎的病原菌主要为金黄色葡萄球菌，偶尔会有表皮葡萄球菌、链球菌、假单孢菌属和类大肠杆菌等。该病主要发生于免疫力低下的人群或糖尿病患者。患者多因抓搔、皮肤受损等因素导致病原菌乘机入侵毛囊，引起炎症。另外，该疾病也与职业或与某些治疗因素有关，如经常接触焦油类物质，或长期应用皮质类固醇激素药物，以及皮肤经常接受磨擦等刺激。因此，职业中接触矿物油、沥青、煤焦油，治疗中外用皮质激素软膏、焦油类软膏，以及伤口包封治疗等均能引起毛囊炎。

（二）扁桃体炎

扁桃腺是直径只有2～3cm的小组织，它位于口腔内侧，与咽喉相邻，左右各一对，是一种淋巴结。扁桃体炎是扁桃体淋巴组织的炎症性病变，可分为急性扁桃体炎与慢性扁桃体炎。

急性扁桃体炎又可分为充血性和化脓性两种，急性扁桃腺炎是腭扁桃腺的一种非特异性急生炎症，常伴有一定程度的咽黏膜及其他咽淋巴组织炎症。本病多发于儿童及青年，季节更替、气温变化时容易发病，劳累、受凉、潮湿、烟酒过度或某些慢性病等常为本病的诱发因素。若治疗不适宜，可引起扁桃体周围脓肿、急性中耳炎，以及急性风湿热、心肌炎、肾炎、关节炎等局部或全身并发症。急性扁桃体炎主要致病菌为乙型溶血性链球菌、葡萄球菌、肺炎双球菌；近年也发现有厌氧菌感染者。

慢性扁桃腺炎是临床上最常见的疾病之一，在儿童身上多表现为腭扁桃体的增生肥大，在成人身上多表现为炎性改变。若机体抵抗力下降，往往表现出多次反复的急性发作状态，如高烧、咽痛剧烈、吞咽困难、全身乏力等。久之易成为“病灶感染”，可并发肾炎、心肌炎、风湿性心脏病及关节炎。本病的病因多为屡发急性扁桃体炎致使抵抗力降低，细菌易在隐窝内繁殖，诱致本病的发生和发展；本病也可继发于某些急性传染病之后，如猩红热、白喉、流感、麻疹等。肥大型扁桃体常与体质或遗传因素有关。

（三）肺炎

肺炎是由病原体或其他因素在肺部引起的炎症，是一种相当古老的疾病，最早可以追溯于公元前1200年，在埃及的木乃伊上发现了肺炎存在的证据。在抗生素出现以前，肺炎患者的死亡率可达1/3左右。肺炎可由许多因素引起，包括细菌、病毒、支原体等多种病原体，以及放射线、化学、过敏、吸入性异物等。

多数肺炎发病迅速，常常在淋雨受凉、过度劳累、病毒感染之后发病，同时约1/3会有上呼吸道感染等并发症。肺炎的临床表现有许多症状，如寒颤高热、咳嗽咳痰、胸痛、呼吸困难等。在发现自己可能患有肺炎后，应该及时前往医院进行检查，常规检查有血常规检查、动脉血气分析和X射线胸片检查。

细菌性肺炎是最为常见的一种肺炎，由细菌等微生物侵入肺脏所引起。细菌性肺炎可由多种细菌引起，其中多数为肺炎球菌。肺炎球菌属于革兰阳性球菌，其致病性来自高分子多糖体荚膜对组织的侵染作用。其他可引起肺炎的细菌还有肺炎杆菌、金黄色葡萄球菌、溶血性链球菌、流感嗜血杆菌等。细菌引起的肺炎在使用适当的抗生素之后便可以在7～10d内治愈恢复。由病毒引起的肺炎用抗生素类药物治疗无效，但一般病情较轻可自愈，病情持续较少超过一周。

（四）肩周炎

肩周炎又称肩关节周围炎，是指肩关节及周围的韧带、肌腱等组织发生特异性炎症。本病的好发年龄在50岁左右，女性发病率略高于男性，多见于体力劳动者。引起肩周炎的原因主要是中老年人机体组织退化，软组织容易损伤。过度的疲劳，或是姿势不良都会使肩部发生损伤。另外，上肢和肩部长时间固定不动会使肩周组织发生萎缩粘连，也会引发肩周炎。

肩周炎患者的肩部会有阵发性疼痛，这种疼痛会逐渐加剧，天气变化和活动量的改变也会使疼痛感更加明显。患者肩关节的活动能力因疼痛受到限制，无法自由活动，而长期不动又会引起肩周软组织萎缩粘连，肌肉无力。肩周炎会使患者的肩部怕冷，三角肌、冈上肌等肩部肌肉早期会出现痉挛，晚期甚至出现肌肉萎缩。目前，对肩周炎的治疗主要是服用消炎药、按摩推拿、关节功能运动等保守治疗方法。

（五）腱鞘炎

腱鞘是指包绕在肌腱上的鞘状结构，肌腱长期过度摩擦会引起肌腱和腱鞘损伤性炎症。腱鞘炎多发于30～50岁之间，女性病发率要明显高于男性。货物搬运等重体力劳动及长时间电脑操作等工作容易导致肌腱损伤，进而诱发腱鞘炎。

常见的腱鞘炎主要有腕部的桡骨茎突狭窄性腱鞘炎、屈指肌腱腱鞘炎以及足底的屈趾肌腱腱鞘炎等。常见患处有手腕、手指、肩部等位置。临床表现主要有腕部、手指或手掌在伸直或弯曲时出现疼痛，关节部位活动受限，出现肿胀。腱鞘炎产生的原因可以是受伤、过度劳损（尤其见于手及手指）、骨关节炎、一些免疫疾病，甚至是感染。一些需要长期重复劳损关节的职业如打字员、器乐演奏家、货物搬运工等，都会引发或加重此病。

（六）类风湿性关节炎

类风湿性关节炎是以“炎性滑膜炎”为主的系统性疾病。其病因目前尚不明确，可能与遗传、感染、性激素等有关。这种病常发生在中年女性身上，好发于手、腕、足等关节部位，并且很可能会反复发作，发病部位呈对称分布。该病除小关节病变外，也可能累及心、肺、血管、肾脏等重要器官。

类风湿性关节炎起病缓慢，多为冬季发病。表现为关节处红肿、发热、发痛。纵观整个发病历程：其早期的表现是关节部位僵硬，尤其是在早晨起床时最为明显，即“晨僵”。之后会逐渐出现对称性的手、腕、足等小关节肿胀，并伴随发热和疼痛。晚期病发关节还会出现强直、畸形。而早期除了关节部位僵硬外，全身也有可能会出现低热、乏力、食欲不振、手足麻木等表现。出现这种情况的患者应及时就医，以免病情加重耽误治疗。

多数研究认为类风湿性关节炎属于一种自身免疫性疾病，其诱发因素尚不明确。患病者应当卧床休息，待病情缓解后再适当活动。非甾体抗炎药物可以用于早期的治疗，但很难阻止类风湿性关节炎的病变过程。相反，中西医结合治疗有时会有较好的效果。

三、传统抗炎药物对炎症的作用及不良反应

如果是针对由细菌、病毒等病原体引发的炎症，治疗中常通过使用抗生素及抗病毒类药物清除病原体，从根本上减轻和消除炎症。但针对由疲劳损伤和机体退化引发的肩周炎、腱鞘炎、类风湿性关节炎等炎症，则会使用抗炎药物。

现有的抗炎药物有两大类：一类是甾体抗炎药（SAIDs）；另一类是非甾体抗炎药（NSAIDs），即医疗实践中所指的解热镇痛抗炎药如阿司匹林等。顾名思义，非甾体抗炎药是一类不含有甾体结构的抗炎药，这类药物包括阿司匹林、对乙酰氨基酚、吲哚美辛、萘普生、萘普酮、双氯芬酸、布洛芬、尼美舒利、罗非昔布、塞来昔布等，该类药物具有抗炎、抗风湿、止痛、退热和抗凝血等作用，在临床上广泛用于骨关节炎、类风湿性关节炎，以及多种发热和疼痛症状的缓解。非甾体抗炎药的作用机制主要是通过抑制前列腺素的合成、抑制白细胞的聚集、减少缓激肽的形成和抑制血小板的凝集等发挥抗炎作用，同时它还有解热、镇痛的功效。

非甾体抗炎药是一种化学合成药物，在发挥消炎、解热镇痛的效果的同时，会产生一些对身体有害的药物不良反应，主要表现在以下方面。

（一）对肠胃道的副作用

非甾体抗炎药抑制了前列腺素的合成，前列腺素虽然促进了炎症反应，但在控制出血、保护胃黏膜方面有重要作用。此外，阿司匹林等药物还会对肠胃道表面黏膜造成直接的损害。非甾体抗炎药对肠胃道的副作用主要表现为上腹不适、隐痛、恶心、呕吐、饱胀、嗳气、食欲减退等消化不良症状。长期口服非甾体抗炎药的患者中，有10%～25%的患者发生消化性溃疡，其中小于1%的患者甚至会出现严重的并发症如出血或穿孔。

（二）过敏反应

例如，特异性体质者服用阿司匹林后可引起皮疹、血管神经性水肿及哮喘等过敏反应，多见于中年人或鼻炎、鼻息肉患者。该情况系阿司匹林抑制前列腺素的生成所致，也与其影响免疫系统有关。过敏引发的哮喘大多严重而持久，一般用平喘药多无效，只有激素效果较好。少数患者甚至还可出现典型的阿司匹林三联症（阿司匹林不耐受、哮喘与鼻息肉）。

（三）对中枢神经系统的副作用

许多非甾体抗炎药服用量大时会出现对神经系统的影响，症状一般为头痛、头晕、耳鸣、耳聋、弱视、嗜睡、失眠、感觉异常、麻木等。用药量过大时，可出现精神错乱、惊厥甚至昏迷。

第二节　食源性抗炎肽

一、抗炎肽概述

近年来科学界发现生物活性肽可以被人体完整吸收，并作用于人体产生特定的生理作用，因而成为生命和食品科学领域的研究热点之一。这其中，具有良好抗炎作用的抗炎活性肽备受瞩目。抗炎肽一般是由两个或多个氨基酸组成的小段小分子肽。就其作用机制而言，抗炎肽能够通过调控细胞因子的合成和分泌，抑制炎症（炎性）介质的合成与释放，以及调控炎症信号通路来作用于机体的炎症反应。然而，完整的食源或非食源性蛋白质一般并不表现出抗炎效果，只有利用酶解、酸碱降解等手段将具有抗炎效果的肽段从中释放出来才能发挥作用。目前生物活性肽虽然在医学、食品、生物等领域已有多种应用（如疫苗、药物、抑菌剂、酶抑制剂），但生物活性肽在抗炎方面的研究与应用还在起步阶段，关于抗炎肽在细胞内炎症反应的调控机制研究还不完善。

二、抗炎肽的来源与制备方法

植物与动物蛋白质是抗炎肽及其他生物活性肽的主要来源。目前，科学界已有从蛋、肉、牛乳、骨、鱼类、小麦，甚至蔬菜等原料中制备抗炎多肽或蛋白质水解物的报道。而抗炎肽常见的制备方法一般有直接提取法、生物蛋白酶酶解法以及微生物发酵法等几种方法。

（一）酶法制备抗炎肽

生物蛋白酶酶解法，特别是食源性蛋白酶酶解法由于原料来源广泛廉价，酶解过程易于控制，反应条件温和安全等优点，成为制备抗炎肽的最常见方法。在抗炎活性肽的制备中，胃蛋白酶、胰蛋白酶等动物蛋白酶及木瓜蛋白酶等植物蛋白酶均有使用，然而不同酶水解不同来源的蛋白质，由于不同蛋白质的氨基酸序列不同，酶的切割位点也不同，因而得到的肽段种类繁多，其活性效果也十分繁杂，需要进行活性评价。

就蛋白质原料而言，目前已有一些关于使用海洋生物作为原料，从鱼肉或其他水产品蛋白质中酶解获取具有抗炎活性的小肽的研究。例如，有学者报道鳕鱼鱼肉蛋白经过复合蛋白酶酶解后制备的抗炎肽对小鼠单核巨噬细胞白血病细胞RAW264.7中的NO、IL-1β、IL-6和TNF-α 等炎症因子的释放均有抑制作用。此外，禽蛋中含有丰富的优质蛋白质，成为抗炎肽等生物活性肽的重要生产原料。例如，研究发现卵白蛋白、卵黄高磷酸蛋白等蛋白质水解物能够抑制促炎因子的分泌和释放，对上皮炎性和氧化应激具有保护效果。再如，利用鸡蛋膜蛋白制备的抗炎活性肽也具有良好的抗氧化性，在肠道细胞内的抗氧化应激中可通过抑制核转录因子NF-κB的激活和调节NF-κB信号通路来下调促炎细胞因子和上调抗炎细胞因子，从而减少细胞中促炎细胞因子白介素-8（IL-8）的分泌，起到抗炎作用。最近，人们发现在源自鱼鳞或牛蛙皮的胶原上培养的人脐静脉内皮细胞HUVEC表现出增强细胞附着和增殖的活性，并伴随细胞黏附分子ICAM-1和VCAM-1细胞表面表达的减少，以及内皮细胞激活的标记和炎症的抑制。鱼鳞中得到的鱼鳞胶原蛋白肽（FSCP）可防止人类HaCaT角化细胞中氯化钴（$CoCl_2$）诱导细胞毒性和TNF-α诱导的炎症反应。图6-1和图6-2表明，该鱼鳞胶原蛋白肽对TNF-α诱导的NF-κB炎症信号通路的活化具有抑制作用。而蛋白质印迹分析与荧光显微镜分析则显示TNF-α处理的HaCaT细胞中细胞质中NF-κB的p65水平升高，细胞核中NF-κB的p65水平降低，表明该胶原蛋白肽阻止了抗NF-κB抗体p65向TNF-α 处理的HaCaT细胞的细胞核中的转移（图6-3、图6-4）。这表明该鱼鳞胶原蛋白肽可以在炎症性或免疫介导的皮肤疾病中起到免疫调节的效果。

（二）直接提取法制备天然抗炎肽

在一些生物体内含有天然的抗炎活性肽，这些肽具有高效、无毒、无污染的优点。

目前，人类已从大豆、柑橘、苋菜等植物中提取出天然的活性肽。虽然通过高效液相色谱和超滤等分离手段可以得到生物体中天然存在的抗炎活性肽，然而生物体内天然小分子肽的含量极低，提取分离的过程也比较复杂，一般工艺所得成品纯度较低，很难进行大量的生产与利用。

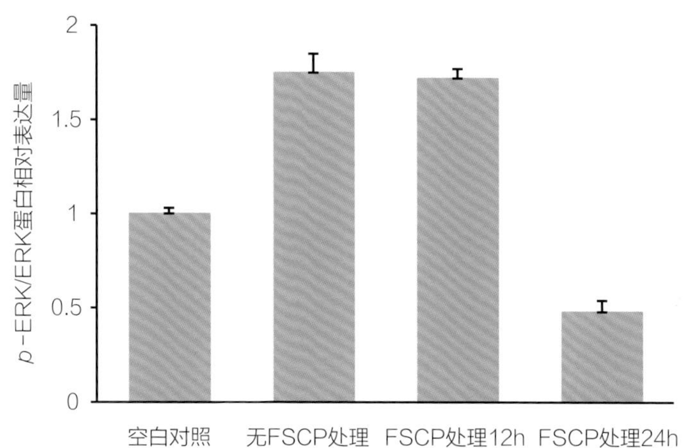

图6-1　鱼鳞胶原蛋白肽处理HaCaT细胞抑制TNF-α诱导细胞外调节蛋白激酶（ERK）的激活

资料来源：Subhan F，Kang H Y，et al。Oxidative Medicine and Cellular Longevity，2017：1-17。

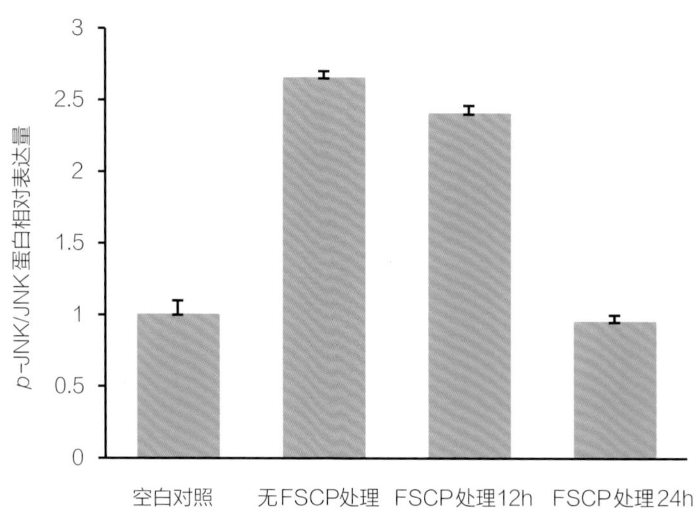

图6-2　鱼鳞胶原蛋白肽处理HaCaT细胞抑制TNF-α诱导应激活化蛋白激酶（JNK）的激活

资料来源：Subhan F，Kang H Y，et al。Oxidative Medicine and Cellular Longevity，2017：1-17。

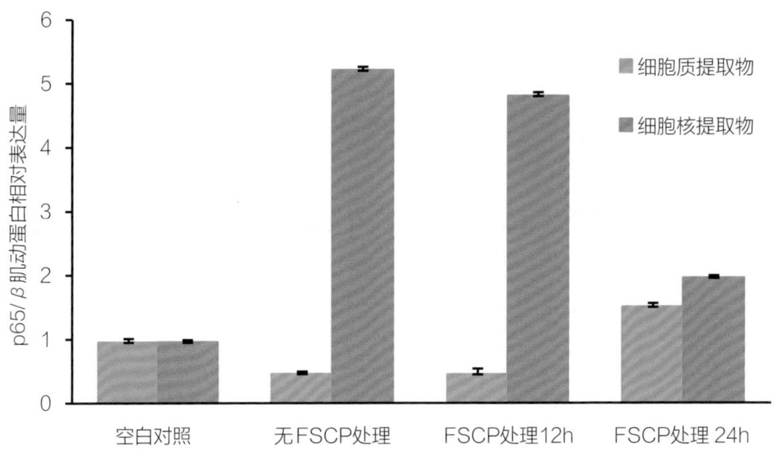

图6-3　蛋白质印迹分析显示TNF-α 处理的HaCaT细胞中细胞质与细胞核中p65水平

资料来源：Subhan F，Kang H Y，et al。Oxidative Medicine and Cellular Longevity，2017：1-17。

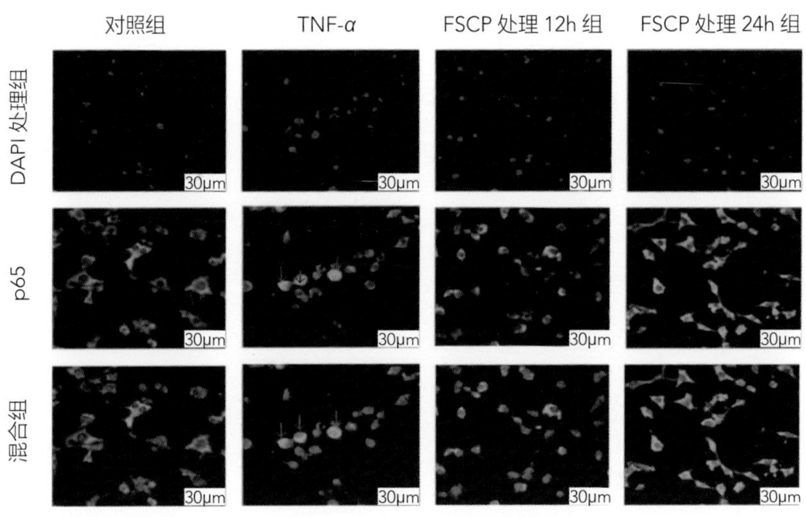

图6-4　鱼鳞胶原蛋白肽对TNF-α 诱导的NF -κB信号通路活化的抑制作用

资料来源：Subhan F，Kang H Y，et al。Oxidative Medicine and Cellular Longevity，2017：1-17。

（三）微生物发酵制备抗炎肽

微生物发酵也能够有效地水解底物蛋白质，产生小分子的活性肽。例如，利用乳酸菌发酵，以牛乳丰富的酪蛋白为原料制备的三肽VPP能够降低人体血管上皮细胞NO的释放，对心血管疾病的预防与治疗有良好的效果。微生物发酵法的优势主要表现为微生物发酵所使用的原材料都富含蛋白质，而且微生物特殊的酶系所产生的小分子肽很容易被人体肠道吸收，此外通过控制发酵过程也能产生不同生物活性的肽段。

三、抗炎肽的作用机制

炎症本质上是免疫系统的防御性组分和进攻性组分之间的不平衡，其基本机制如图6-5所示。脂质介质来源于磷脂，激活后，胞浆磷脂酶产生花生四烯酸和溶血磷脂酸。花生四烯酸被环氧合酶（COX-1和COX-2）代谢形成类花生酸，产生前列腺素和血栓素。炎性细胞因子分为促炎和消炎两部分。促炎细胞因子（TNF-α、IL-1、IL-6、IL-1β等）主要由巨噬细胞和肥大细胞产生。它们在炎症反应中的作用包括内皮细胞的活化，白细胞浸润和急性期反应的诱导。类似地，抗炎细胞因子（IL-4，IL-10，IL-11等）作为Toll样受体（TLR）的激动剂，通过抑制巨噬细胞和树突细胞中的促细胞因子和趋化因子的产生来发挥抗炎作用。许多细胞产生趋化因子（如单核细胞趋化蛋白MCP1）以响应炎症诱导物的刺激。趋化因子控制白细胞外渗和对受影响的组织的趋化性，并积极协助白细胞的增殖。

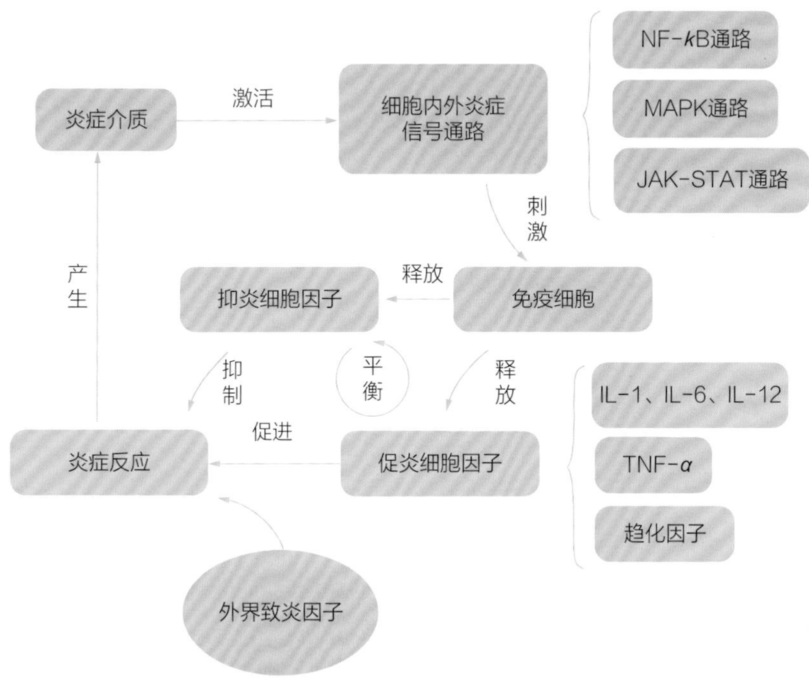

图6-5　炎症反应的基本机制

抗炎肽的研究中，常使用两种细胞炎症模型来评估抗炎肽的抗炎效果。一是结肠上皮细胞模型，常使用Caco-2和HT-29这两株人结肠癌上皮细胞来构建炎症模型，通过细胞中各种信号通路的表达情况，来研究炎症性肠病的发病机制与药物治疗效果。二是单核巨噬细胞模型，这种细胞广泛分布于机体的不同组织中，是抵御微生物感染的第一道防线。研究中常使用鼠的RAW264.7细胞构建炎症模型，通过观察抗炎肽对巨噬细胞中促炎细胞因子、趋化性细胞因子和免疫调节性细胞因子表达的影响，来评价抗炎效果。

生物活性抗炎肽可以通过调节细胞因子的表达、抑制炎症（炎性）介质的合成、调控炎症信号通路等方式来抑制炎症反应。下面，就抗炎肽的这三种主要作用方式进行介绍。

（一）抗炎肽对细胞炎症因子的调节

人类的免疫反应是通过机体内控制单元网络的调节来完成的。其中起主要作用的是抗炎细胞因子和特定的细胞抑制因子。炎症和抗炎细胞因子之间的平衡可以对细胞的生理功能起到调控作用，在免疫系统和炎症疾病中有着至关重要的地位。当炎症疾病发生时，白介素（IL-1）和肿瘤坏死因子（TNF）就会分泌出来，它们都是促炎因子，在炎症反应中起到促炎作用。从生物学的角度讲，尽管IL-1和TNF-α的结构和受体都不相同，但两者的关系却十分密切。几乎所有的体外和体内的实验都表明IL-1和TNF-α具有协同作用。

当外源的致炎因子刺激机体引发炎症后，免疫细胞合成并释放出相应的促炎因子IL-1β、IL-6、IL-12、TNF-α等，促进细胞炎症反应，使机体的免疫反应持续进行。此时，抗炎肽可以通过调节细胞因子的分泌，抑制促炎因子的合成与释放，提高抗炎因子的表达，从而减轻致炎因子诱导的炎症反应的作用。

（二）抗炎肽抑制炎症介质的合成与释放

参与和介导炎症反应的化学因子称为化学介质或炎症（炎性）介质，常见的炎症介质及其来源的细胞如表6-1所示。急性炎症反应中的血管扩张、通透性升高和白细胞渗出的发生机制，是炎症发生机制研究的重要内容。有些致炎因子可直接损伤内皮，引起血管通透性升高，但许多致炎因子并不直接作用于局部组织，而主要是通过内源性化学因子的作用而间接导致炎症的。炎症诱导因子通过存在于免疫细胞中的各种传感器触发许多炎症介质的产生。这些传感器激活炎症介质，然后通过激活几个信号通路触发炎症反应。炎症介质可根据其生物化学特性分为七类：血管活性胺、血管活性肽、补体成分片段、脂质介质、细胞因子、趋化因子和蛋白水解酶。其中脂质介质和趋化因子积极参与慢性炎症性疾病的反应。

表6-1 参与炎症反应的细胞及炎症介质

细胞种类	释放的炎性介质	主要作用
肥大细胞	组织胺、5-羟色胺、蛋白聚糖、趋化因子	小动脉扩张、小静脉收缩、血管通透性增强、致痛、刺激其他白细胞活化
中性粒细胞	穿孔素、粒酶、溶菌防御素、蛋白酶、脂酶	细胞杀菌作用
巨噬细胞	IL-1、TNF-α 等多种促炎因子	破坏被吞噬的病原微生物、破坏靶细胞、促进T细胞活化

炎症反应中，受损组织和T细胞分泌的包括诱导型一氧化氮合酶（iNOS）、环氧合酶（COX-2）等代谢酶参与炎症反应。从柑橘皮中分离出的抗炎肽在炎症模型中的作用机制是抑制iNOS和COX-2代谢酶的表达，减少一氧化氮（NO）和前列腺素E2（PGE2）的合成与释放。同时通过调节NF-κB通路和丝裂原活化蛋白激酶（MAPK）信号通路减少IL-6、TNF-α 等促炎因子的分泌。

（三）抗炎肽对炎症信号通路的调控

JAK激酶-信号转导转录激活因子（JAK-STAT）、MAPK和NF-κB是细胞内3条重要的信号通路，在炎症反应中有重要的作用。其中MAPK和NF-κB信号通路是慢性炎症的两个主要信号通路。

NF-κB是一个转录因子的蛋白质家族，包括5个亚单位：Rel（cRel）、p65（RelA、NF-κB3）、RelB、p50（NF-κB1）、p52（NF-κB2）。细胞受到刺激时，游离的NF-κB会与相应的序列结合，开始诱导相关基因转录，促使细胞因子的释放，而且细胞因子可以进一步活化NF-κB，使得炎症放大。作为早期转录因子，NF-κB的激活不需要新翻译出的蛋白质进行调控。因此，可以在第一时间对有害细胞的刺激做出应对，在对抗生物性致炎因子方面有重要的作用。大多数的细菌都会与细胞膜表面的受体结合，从而激活NF-κB信号通路，改变基因的表达。

MAPK是机体生理病理过程中的一个重要的信号通路，它广泛存在于各种动植物及酵母的细胞中。其信号转导通路的演变比较保守，并且MAPK是信号从细胞表面传导到细胞核内部的重要传递者。MAPK可被多种物质激活，包括细胞因子（TNF-α、IL-1）、炎性介质、生长因子以及G蛋白偶联受体等。至少有3个MAPK路径是比较有效的，分别是ERK、p38MAPK和JNK途径，其中ERK的刺激主要是通过有丝分裂，主要在细胞的生长、增殖等调控中发挥作用，可被细胞因子和G蛋白偶联受体激活。而p38和JNK的激活则是通过包括炎性因子在内的各种细胞应激反应通路。

在抗炎肽的制备方法中提到的细菌发酵酪蛋白得到的三肽VPP，其抗炎机制除可以在体外通过减少白细胞内皮相互作用，减少白细胞的渗出，减少促炎细胞因子的合成与释放外，还可以通过抑制炎症信号通路起到调节炎症的作用。此外，许多抗炎肽都可以通过调控上述炎症信号通路发挥抗炎效果（图6-6）。不同的抗炎肽其调控的通路也不一样。

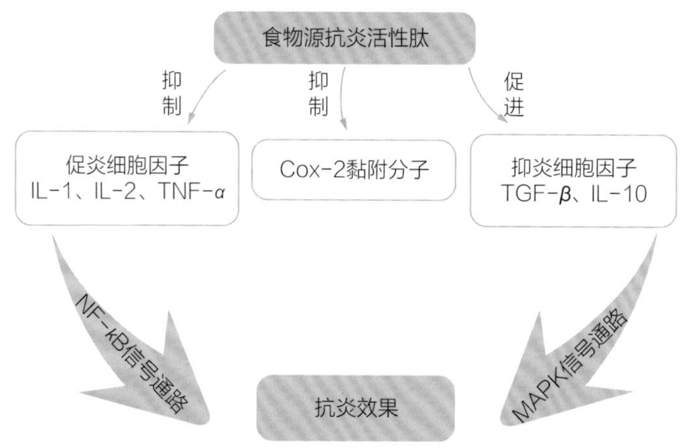

图6-6 食源性抗炎肽的作用机制

四、抗炎肽在抵御慢性炎症中的作用

以慢性炎症性疾病为代表的慢性疾病是危害人类健康与寿命的大敌。如表6-2所示，炎症被认为是引发如哮喘、癌症、心血管疾病、糖尿病、肥胖、炎症性肠病、骨质疏松等各种慢性疾病和神经系统疾病如帕金森症的主要原因之一。越来越多的科学证据表明，TNF-α、IL-1、IL-6、IL-8等细胞因子和CRP等炎症标记物以及NF-κB和STAT等不同的转录因子是调节这些炎症性疾病的主要关键因素。最近的一些基于哺乳动物细胞（主要是巨噬细胞）和动物模型的研究发现，食品源的生物活性肽能够抑制或减少炎症生物标记，或调整传递介质的活性，从而显示出其抗炎性。

表6-2 炎症引发的慢性疾病

部位	疾病
大脑	帕金森疾病
动脉	动脉粥样硬化

续表

部位	疾病
脂肪细胞	肥胖、糖尿病
骨骼	骨质疏松
肺部	哮喘
消化道	克罗恩病、结肠炎

如今科学界已经对来源于牛乳、鸡蛋、鱼和大豆等食物的各类活性肽进行了潜在抗炎效果的测试，其活性作用如表6-3所示。

首先，动脉硬化等血管疾病是影响现代人健康的重要慢性病。科学研究发现，许多食源性抗炎肽均在预防血管慢性疾病中表现出一定功效。同在“抗炎肽的来源与制备方法”中的介绍，由牛乳酪蛋白发酵而来的三肽VPP和IPP可通过抑制ACE来减少NO的产生，在表现出良好抗炎效果的同时也具有抗高血压功效。此外，VPP还能通过抑制炎症性的JNK-MAPK通路来抑制白细胞与内皮细胞的相互作用，达到抗炎的效果。血管炎症是动脉粥样硬化中斑块发展的主要原因之一。最近的研究表明，卵清蛋白转铁蛋白衍生的三肽IRW可以显著减少TNF诱导的人内皮细胞黏附分子ICAM-1和VCAM-1的上调。在成年雄性自发性高血压大鼠模型中，让大鼠口服该肽18d，可以显著降低主动脉和肠系膜动脉中的炎性黏附分子，且该肽主要是在NF-κB的磷酸化作用之后产生效果。此外，有学者发现，使用胰蛋白酶消化酪蛋白获得的19个氨基酸的长肽DMPIQAFLLYQEPV-LGPVR，也可以通过抑制NF-κB通路显示出抗炎活性。因此，这些研究表明，从食物源蛋白质中获取的这些生物活性肽主要是通过NF-κB和MAPK途径发挥抗炎作用的。

在抗癌抑癌方面，来自大豆蛋白的另一种肽Lunasin已经被用于癌症治疗的研究中。Lunasin是一种由43个氨基酸组成的长肽，能够抑制NF-κB的激活，从而抑制巨噬细胞中促炎因子和介质的产生。Lunasin可显著抑制7，12-二甲苯并蒽（DMBA）和3-甲基胆蒽（MCA）处理的纤维原细胞——NIH/3T3细胞中的细胞增殖和癌灶形成。此外，另一项研究还显示，Lunasin治疗可改善化学诱导的哮喘动物模型的气道炎症。在OVA＋明矾敏化模型和OVA＋LPS鼻内致敏模型这两种小鼠哮喘模型中，Lunasin通过减少支气管肺泡灌洗液中的嗜酸性粒细胞计数，表明其显著抑制了肺中的炎性基因Fizz1的表达和IL-4通路，从而改善过敏性气道炎症。这些结果表明，Lunasin的抗炎特性可潜在地用于治疗癌症和哮喘。

在调节肠道炎症方面，现在已发现来源于牛乳、大豆和酵母提取物的肽可以调节肠

表6-3 抗炎肽的来源与其活性作用

活性肽来源	活性成分	疾病类型	实验模型	活性作用
酪蛋白	VPP、IPP	动脉粥样硬化	ApoE敲除老鼠	降低NF-κB转录基因PIK3CG、LCK、IL1B、CD40和MAP2K7的表达
酪蛋白	VPP	动脉粥样硬化	内皮细胞	降低通过JNK途径的单核细胞与内皮细胞的黏附作用
酪蛋白	GMP	炎性肠道疾病	C57BL/6野生型和Rag1老鼠	肠系膜淋巴结结肠MPO活性降低
卵转铁蛋白	IRW	心血管疾病	人类内皮细胞	抑制ICAM-1和VCAM-1的表达并抑制p65/p50的核易位
大豆	Lunasin	哮喘	ALB/c老鼠	减少Th2细胞因子的表达，减少炎症浸润和杯状细胞转化
大豆	Lunasin	癌症	NIH/3T3人类结肠癌症细胞	抑制细胞增殖和癌灶形成，通过与整联蛋白的直接结合抑制转移
大豆	VPY	炎性肠道疾病	Caco-2和THP-1细胞	降低MPO活性和抑制促炎细胞因子TNF-α、IL-6、IL-1β、IFN-γ和IL-17的表达
豆类食物	γ-EC	炎性肠道疾病	Caco-2细胞	通过激活钙敏感受体（CaSR）抑制JNK途径的活化

资料来源：Majumder K，Mine Y，et al。Journal of the Science of Food & Agriculture，2016，96（7）：2303-2311。

炎。从各种食物来源，包括食用豆类中分离出来的增味食物肽谷氨酰半胱氨酸（γ-EC）已被证明可以减少促炎性细胞因子和趋化因子在TNF刺激的肠道Caco-2细胞中的表达。从大豆蛋白中分离出来的三肽VPY，通过分别抑制Caco-2和THP-1肠细胞中IL-8和TNF-α的分泌而显示出抗炎作用。在葡聚糖硫酸钠（DSS）诱导的小鼠模型中，VPY治疗减轻了结肠炎症状，改善了结肠组织状态，降低了髓过氧化物酶（MPO）活性，并降低了促炎细胞因子TNF-α、IL-6、IL-1、IL-17的基因表达。这些结果表明，食物衍生肽的抗炎活性可以通过各种受体和转运蛋白来介导。因此，抗炎肽的下游作用机制可能集中于促炎和抗炎信号通路之间的串扰。在另一项研究中，牛乳蛋白酪蛋白衍生肽GMP在结肠炎的淋巴细胞转移小鼠模型中发挥了肠道抗炎作用。同样，从小麦面筋中分离的生物活性肽焦谷氨酰亮氨酸在小鼠模型中抑制DSS诱导的结肠炎和化学诱导的大鼠肝炎，进一步支持了食物源活性肽在体内的抗炎功能。这些结果还表明，生物活性肽的干预可以触发反作用细胞信号传导途径，从而表现出抑制或抗炎作用。

五、抗菌肽的抗炎效果

炎症是一种宿主免疫防御机制，正常情况下是为了抵抗外界有害因素入侵而产生的，所以现实生活中许多炎症的产生是由于生物性因子如细菌、真菌、病毒等病原体引起的。这些病原体在机体内繁殖、扩散、释放毒素和代谢产物，造成机体组织的损伤，或是由于其本身的抗原性和在机体中产生的抗原性物质引起自身免疫系统的反应而引发炎症。因此，如能将入侵机体的病原体清除和消灭，则可以从根源上达到减轻或消除炎症的效果。从这个意义上说，抗菌肽也可被认为是某种抗炎肽。

抗菌肽在体外实验中的抗炎作用早有研究报道，而抗菌肽在体内的抗炎效果也引起了广泛的研究。抗菌肽具有多种生物活性，可以抑制多种细菌、真菌。大部分抗菌肽具有广谱抗细菌活性，能够抑制革兰阴性菌和革兰阳性菌，如幽门螺旋杆菌、大肠埃希菌、金黄色葡萄球菌、分歧杆菌等，同时也具有抑制霉菌、致病白假丝酵母、皮肤真菌等多种真菌生长的能力。此外，部分抗菌肽还具有抗病毒活性，如从乳铁蛋白中得到的多功能抗菌肽乳铁素能够抑制人免疫缺陷病毒（HIV-1）、单纯疱疹病毒（HSV-1和HSV-2）、巨细胞病毒、呼吸道合胞病毒和轮状病毒等。

除直接抑菌外，抗菌肽还可以通过中和内毒素来抑制炎症。内毒素其实是革兰阴性细菌细胞壁中的一种脂多糖（LPS）成分。一般认为在细菌死亡溶解或细菌细胞识别到自身被破坏后会释放出LPS，它能激活免疫系统引发炎症反应。各种细菌产生的LPS的毒性作用较弱，影响大致相同，即可引起发热、内毒素休克、微循环障碍及播散性血管内凝血等现象。而抗菌肽可以和LPS相互作用，从而抑制炎症的发生或减轻炎症反应。

总体来说，抗菌肽可通过抑制和消灭细菌、真菌和病毒等致炎因子，以及清除病原体在机体内产生的炎症因子来达到抗炎效果。这其中，有些抗菌肽除具有杀灭微生物的抑菌效果外，甚至也能够调节免疫活性，控制炎症相关的信号通路和转录因子，从而从多方面表现出抗炎效果。

第三节 抗炎肽的发展现状与前景展望

目前对生物活性肽，特别是对具有抗炎活性的生物活性肽的研究是一个令人兴奋的研究领域。炎症作为一种宿主防御反应，广泛存在于多种疾病的病理生理学中。然而，现在炎症及其衍生疾病的药物治疗仍面临价格昂贵、副作用强烈等缺点。因此，将具有抗炎活性的食源性活性肽开发成有希望治疗和调节炎性疾病的药物替代物便成了当前科学界的热点。

一、抗炎肽研究中面临的问题

目前，大量专家学者已对食物来源的生物活性肽进行了许多基础研究。但科学界在实现抗炎活性肽在普通人群中的使用前，仍需要克服一些限制和挑战。具体来说，最近的研究在鉴定出大量食源性抗炎活性肽的基础上，也已对这些肽的作用机制进行了一定程度的阐述，如指明很多抗炎肽可以与多种细胞信号传导途径相互作用，从而表明它们在控制与炎性疾病相关的病理学中的潜在作用；再如研究也已经报道了蛋白质衍生的生物活性肽对细胞因子或趋化因子的生物学功能。但是，这些抗炎肽的分子靶标尚未被完全阐明。而且每种肽都是独特的，单个氨基酸的改变就可能使肽表现出与之前完全不同的作用，这意味着该研究领域具有挑战性和复杂性。

二、抗炎肽的发展趋势

未来，抗炎肽研究应结合基础生物医学，运用复杂和现代的工具和技术（如蛋白质组学、RNA测序、分子对接的生物信息学分析，以及基因功能分析）来描述抗炎作用的潜在分子机制。此外，需要对患有慢性炎性疾病的患者进行临床研究来判断这些肽的完整功效。随后，还需要详细的药代动力学研究来评估这些生物活性肽的适当给药剂量和给药频率。此外，针对这些生物活性肽的毒理学研究对于鉴定任何相关的不利作用或毒性作用是十分重要的。在此基础上，食源性生物活性肽才能从实验室研究进入临床研究，从而对抗全球日益增长的炎症性疾病。

参考文献

[1] 360百科：炎症［DB/OL］. https：//baike.so.com/doc/1475598-1560293.html.

[2] 党晓伟，李梦云，常娟，等. Hepcidin的研究进展［J］. 安徽农业科学，2010，38（7）：3351-3353.

[3] 潘灵辉. 细胞因子平衡在炎症反应中作用的研究进展［J］. 医学综述，2005，11（9）：775-777.

[4] 史雅凝. 鸡蛋膜蛋白酶解物的制备及其对肠道氧化应激和炎症的影响［D］. 无锡：江南大学，2015.

[5] 唐季清，郭珊珊，罗永康，等. 鳕鱼蛋白酶解肽不同分子量组分抗炎活性的比较研究［J］. 食品工业科技，2016，37（14）：344-349.

[6] 汪雄，赵燕，徐明生，等. 食源性抗炎肽的制备、分离、鉴定及其抗炎机制研究进展［J］. 食品工业科技，2017，38（15）：335-341.

[7] 徐彩娜. 卵黄高磷蛋白磷酸肽的抗炎机理研究［D］. 长春：吉林大学，2012.

[8] 许银叶，褚夫江，朱家勇. 抗菌肽体内抗炎作用的研究进展［J］. 免疫学杂志，2013（3）：260-263.

[9] Aihara K, Ishii H, Yoshida M. Casein-derived tripeptide, Val-Pro-Pro (VPP), modulates monocyte adhesion to vascular endothelium [J]. Journal of Atherosclerosis & Thrombosis, 2009, 16(16): 594-603.

[10] de Mejia E G, Dia V P. Lunasin and lunasin-like peptides inhibit inflammation through suppression of NF-κB pathway in the macrophage [J]. Peptides, 2009, 30(12): 2388-2398.

[11] Hirota T, Nonaka A, Matsushita A, et al. Milk casein-derived tripeptides, VPP and IPP induced NO production in cultured endothelial cells and endothelium-dependent relaxation of isolated aortic rings[J]. Heart & Vessels, 2011, 26(5): 549-556.

[12] Hsieh C C, Hernándezledesma B, de Lumen B O. Soybean peptide lunasin suppresses in vitro and in vivo 7,12-dimethylbenz[a]anthracene-induced tumorigenesis [J]. Journal of Food Science, 2010, 75(9):H311-H316.

[13] Huang W, Chakrabarti S, Majumder K, et al. Egg-derived peptide IRW inhibits TNF-α-induced inflammatory response and oxidative stress in endothelial cells[J]. Journal of Agricultural and Food Chemistry, 2010, 58(20): 10840-10846.

[14] Kovacs-Nolan J, Zhang H, Ibuki M, et al. The PepT1-transportable soy tripeptide VPY reduces intestinal inflammation [J]. BBA-General Subjects, 2012, 1820(11): 1753-1763.

[15] Majumder K, Mine Y, Wu J. The potential of food-protein derived anti-inflammatory peptides against various chronic inflammatory diseases [J]. Journal of the Science of Food & Agriculture, 2016, 96(7): 2303-2311.

[16] Malinowski J, Klempt M, Clawin-Rädecker I, et al. Identification of a NF-κB inhibitory peptide from tryptic β-casein hydrolysate [J]. Food Chemistry, 2014, 165: 129-133.

[17] Molhoek E M, Van D A, Veldhuizen E J, et al. A cathelicidin-2-derived peptide effectively impairs *Staphylococcus* epidermidis biofilms [J]. International Journal of Antimicrobial Agents, 2011, 37(5): 476-479.

[18] Moronta J, Smaldini P L, Docena G H, et al. Peptides of amaranth were targeted as containing sequences with potential anti-inflammatory properties[J]. Journal of Functional Foods, 2016, (21): 463-473.

[19] Nakamura T, Hirota T, Mizushima K, et al. Milk-derived peptides, Val-Pro-Pro and Ile-Pro-Pro, attenuate atherosclerosis development in apolipoprotein e-deficient mice: a preliminary study [J]. Journal of Medicinal Food, 2013, 16(5): 396-403.

[20] Nijnik A, Hancock R. Host defence peptides: antimicrobial and immunomodulatory activity and potential applications for tackling antibiotic-resistant infections [J]. Emerging Health Threats Journal, 2009, 21(2): 1-7.

[21] Noh H J, Hwang D, Lee E S, et al. Anti-inflammatory activity of a new cyclic peptide, citrusin XI, isolated from the fruits of Citrus unshiu[J]. Journal of Ethnopharmacology, 2015 (163): 106-112.

[22] Ortegagonzález M, Capitáncañadas F, Requena P, et al. Validation of bovine glycomacropeptide as an intestinal anti-inflammatory nutraceutical in the lymphocyte-transfer model of colitis [J]. British Journal of Nutrition, 2014, 111(7): 1202-1212.

[23] Santiago-López L, González-Córdova A F, Hernández-Mendoza A, et al. potential use of food protein-derived peptides in the treatment of inflammatory diseases[J]. Protein & Peptide Letters, 2017, 24(2): 137-145.

[24] Subhan F, Kang H Y, Lim Y, et al. Fish scale collagen peptides protect against CoCl2/TNF-α-induced cytotoxicity and inflammation via inhibition of ROS, MAPK, and NF-κB pathways in HaCaT Cells[J]. Oxidative Medicine and Cellular Longevity, 2017: 1-17.

[25] Wang J K, Xiong G M, Luo B, et al. Surface modification of PVDF using non-mammalian sources of collagen for enhancement of endothelial cell functionality[J]. Journal of Materials Science Materials in Medicine, 2016, 27(3): 45.

[26] Yang X, Zhu J, Tung C Y, et al. Lunasin alleviates allergic airway inflammation while increases antigen-specific tregs [J]. Plos One, 2015, 10(2):e0115330.

[27] Zhang H, Kovacsnolan J, Kodera T, et al. γ-Glutamyl cysteine and γ-glutamyl valine inhibit TNF-α signaling in intestinal epithelial cells and reduce inflammation in a mouse model of colitis via allosteric activation of the calcium-sensing receptor [J]. BBA-Molecular Basis of Disease, 2015, 1852(5): 792-804.

第七章 肽与抗肿瘤

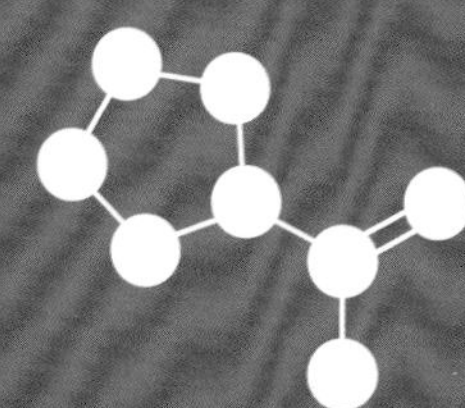

癌症在世界范围内都是造成人类死亡的重要原因。世界卫生组织称：未来二十年内癌症每年新发病人数会从2012年1400万人增长至2200万人。而癌症的传统治疗方法，例如化疗和放疗虽具有一定效果，但也无法避免特异性差、副作用强的缺点。近些年来，诸多国内外研究发现，蛋白质水解物及生物活性肽具有抗肿瘤活性。较之传统疗法，抗肿瘤小分子多肽具有活性高、对肿瘤细胞选择特异性强、分子质量小且易于穿透肿瘤细胞等特点，且活性肽能以多种方式给药、易于多途径吸收、不易产生耐药性。可见，对抗肿瘤活性肽的研究及改性将为癌症的预防和治疗提供新的方案。下面，从抗肿瘤活性肽的来源及制备方法、抗癌作用机制、活性评价方法、应用现状及前景等方面对其进行综合介绍。

第一节 抗肿瘤活性肽的来源及制备方法

一、天然提取抗肿瘤活性肽

人们最容易想到的首先是天然提取抗肿瘤活性肽，即从动物、植物、微生物等生物体或其代谢产物中提取的具有抗肿瘤功效的肽类物质。以植物源天然抗肿瘤活性肽为例，其主要是从小麦、大豆、油菜、花生、中草药等植物种子中提取的，如露那辛、槲寄生肽、茜草环己肽等。微生物次级代谢产物、发酵液或其分泌的毒素中也有很多具有抗肿瘤功效的肽类物质，如二肽、三肽、缩肽、环状缩肽、双环肽等。然而，天然存在的抗肿瘤活性肽面临着生物体内含量很低，生物资源有限，提取分离工艺复杂、成本高等缺点，因而难以满足食品、药品的市场需求。近年来，随着生物工程、酶工程和相关新型制备、分离技术的发展，一些抗肿瘤活性肽已经用于临床研究和实际应用了。

二、蛋白质水解法制备抗肿瘤活性肽

现在，大量研究集中于通过水解普通食源性蛋白质制备食源性抗肿瘤活性肽（或称蛋白质水解物）。制备方法主要包括可控酶解、微生物菌株发酵和模拟胃肠消化三种。其中，可控酶解技术已成为生产抗肿瘤活性肽最常使用的方法。酶法生产克服了天然提取法中生物资源有限、活性肽含量低的缺点，研究已证实各类食源性蛋白质包括动物蛋白质（如乳蛋白、鸡蛋蛋白、鱼肉蛋白、胶原蛋白等）和植物蛋白质（如大豆蛋白、玉

米蛋白、大米蛋白等）都可作为酶解生产抗肿瘤活性肽的原料。而在各类原料中，水产资源已成为抗肿瘤活性肽的重要原料来源。如图7-1所示，Hsu等通过酶解金枪鱼肌肉，获得了两种抗人乳腺癌细胞增殖肽PRA2和PRB2。而制备肽的原料，也就是金枪鱼肌肉本身即使在更高添加量（细胞培养液中的含量为1.0mg/mL）下也不具备良好的抗增殖活性。除了原料选择，酶法制备抗肿瘤活性肽的关键还在于酶的选择。由于每种蛋白酶都有特定的酶切位点，因此当目标肽的氨基酸序列和组成明确时，可根据目标肽的氨基酸序列来确定相应的蛋白酶进行酶解。Chalamaiah等总结发现，在单酶酶解生产食源性抗癌活性肽时，胃蛋白酶是最为高效的蛋白酶之一。例如，Chalamaiah等使用胃蛋白酶水解南亚野鲮鱼卵蛋白制得蛋白质水解物，并从中得到大量低分子质量（＜10ku）肽。该水解物在人结肠癌细胞模型中表现出良好的抗增殖活性。而当目标肽的氨基酸序列和组成不明确时，也可选用复合型蛋白酶进行酶解，然后对酶解产物进行活性筛选。Wang等利用胃蛋白酶、胰蛋白酶和胰凝乳蛋白酶复合酶制得螺旋藻蛋白水解物。如图7-2所示，该水解物对人胃腺癌细胞SGC-7901等五种癌细胞株系展现出强烈的抗增殖活性，其中对人乳腺癌细胞MCF-7、人肝癌细胞HepG-2的抑制效果甚至强于抗癌药物5-氟尿嘧啶（5-FU）。现今，抗肿瘤食源性蛋白质水解物的制备工艺以及从蛋白质水解物中分离纯化得到抗肿瘤活性肽的方法与其他活性肽类似，这里不再详细阐述。

此外，人工定向合成技术等高新技术也已用于抗肿瘤生物活性肽的生产。

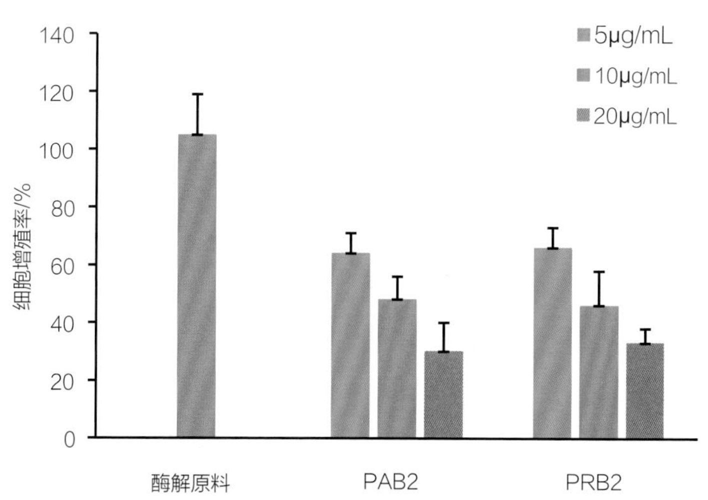

图7-1　**金枪鱼肌肉蛋白肽对人乳腺癌细胞MCF-7的抗增殖作用**

资料来源：Hsu K，Jao C，et al。Food Chemistry，2011，126：617-622。

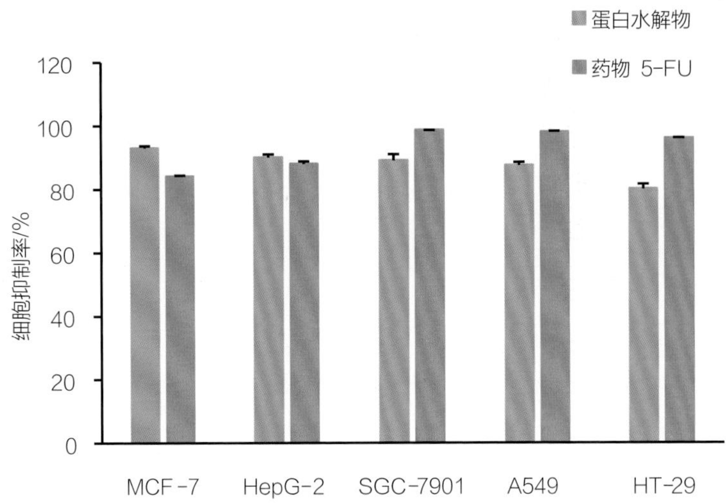

图7-2 螺旋藻蛋白水解物对不同癌细胞株系的抑制效果

资料来源：Wang Z，Zhang X，et al。Journal of the Science of Food and Agriculture，2017（97）：918–922。

第二节 抗肿瘤活性肽的分子特征与抗肿瘤机制

一、抗肿瘤活性肽的作用机制

总体来说，抗肿瘤活性肽的确切作用机制仍未明确，但现有研究表明肽的抗肿瘤机制包括损伤细胞膜、抑制细胞黏附、调节免疫应答、抑制细胞内信号转导等（图7-3）。概括起来，其中的主要机制大体上可分为三类，即溶解细胞膜（穿孔坏死）、溶解线粒体膜（凋亡）和非膜作用活性。

（一）抗肿瘤活性肽基于生物膜的作用机制

破坏细胞膜是最常见的靶向抗癌方法，活性肽最终通过静电相互作用促使膜破裂穿孔，导致细胞坏死。现在发现的诱导肿瘤细胞坏死的肽的共性是序列均较短、带正电荷，并且在非极性溶剂中会形成两性分子结构。究其原因，首先是因为两性分子结构易于与膜的结合和透过；而更重要的是，癌细胞由于膜外带负电荷的磷脂酰丝氨酸和氧糖基化黏液素的过度表达，往往比正常的真核细胞携带更多的净负电荷，膜电位也更高。

因此，一方面带正电荷的抗肿瘤肽会更倾向于与肿瘤细胞相结合，另一方面膜破坏后肿瘤细胞也因较高的膜电位差而更易穿孔瓦解。可见与传统化学治疗药物相比，这类活性肽对肿瘤细胞具有更高的选择性和更低的抗药性。

研究也发现一些抗肿瘤肽具有破坏线粒体膜，从而激活细胞凋亡信号的活性。例如来源于牛骨髓的乳铁蛋白肽等阳离子肽，均可以诱导线粒体依赖性细胞凋亡。这些肽在透过细胞膜后，会干扰线粒体膜电位的平衡，促进细胞色素C的释放。在细胞浆中，细胞色素C与半胱氨酸天冬氨酸蛋白酶-9（caspase-9）、凋亡诱导因子-1结合形成凋亡复合体，从而激活caspase-9及其下游caspase和凋亡相关蛋白质的活性，使细胞走向凋亡。

（二）抗肿瘤活性肽的非膜作用机制

抗肿瘤活性肽的非膜作用机制主要包括抑制或激活细胞内的某些基础代谢蛋白、抑制血管生成或调节机体免疫应答等。例如，乳铁蛋白肽的抗肿瘤作用，很大程度上源于其免疫调节功能。乳铁蛋白肽可通过诱导细胞因子的产生、增加免疫细胞的数量以及增强免疫细胞的活性而提高宿主防御肿瘤的能力。而Wang等在研究抗肿瘤活性肽HNP-1时，发现其在免疫调节方面具有招募和激活免疫系统树突状细胞的功能。

二、抗肿瘤活性肽的分子特征

抗肿瘤活性肽的分子特征包括分子大小、氨基酸组成及序列、总电荷及亲/疏水性等方面。就分子大小和长度而言，大多数食源性抗肿瘤肽都是由3～25个残基组成的短序列肽。就氨基酸组成而言，组成食源性抗癌活性肽的氨基酸主要是一些疏水性氨基酸（如脯氨酸、亮氨酸、甘氨酸、丙氨酸）和一至多个赖氨酸、精氨酸、丝氨酸、谷氨酸、苏氨酸和酪氨酸。疏水性氨基酸对于抗癌活性很重要，主要是因为它能增强肽和肿瘤细胞膜双层外侧的位点的相互作用，从而增强毒性和选择性。我们认为，疏水性氨基酸主要是在维持肽的两性上有重要作用。蛋白质往往以“外侧是亲水性外壳，内部是疏水核心”的结构形式存在。蛋白酶水解破坏蛋白结构，最终释放出内部的疏水性氨基酸，从而形成了一端亲水、一端疏水的两性小肽，从而更易与细胞膜发生作用。

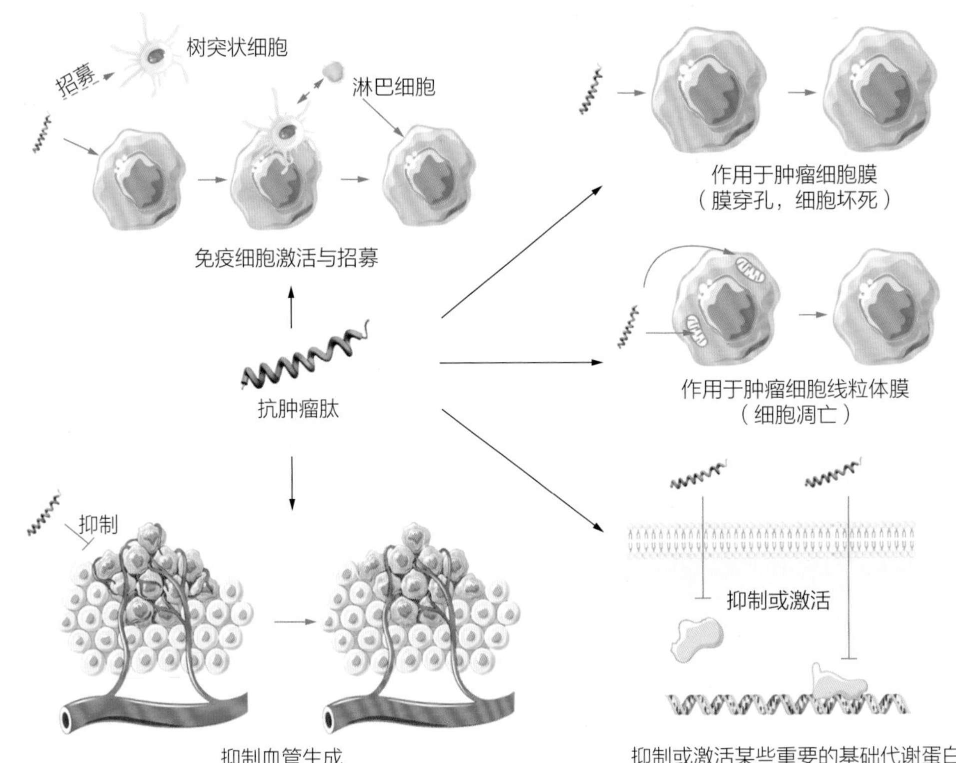

图7-3 **抗肿瘤活性肽主要作用机制模式示意图**

资料来源：Felício M R，Franco O L，et al。Frontiers in Chemistry，2017（5）：1-9。

第三节 抗肿瘤活性肽的活性评价方法

一、抗肿瘤活性的体外评价方法

目前，应用较多的抗肿瘤活性检测实验主要有细胞实验和肿瘤移植动物模型等。与动物实验相比，细胞实验周期短、重复性好、检测方法快捷方便。为适应实验的需要，现已有大量肿瘤衍生株和体外转化细胞系被开发出来，如MCF-7（人乳腺癌）、MDA-MB-231和BT549（人乳腺癌）；Ca9-22和CAL27（人口腔癌）；HepG2（人肝癌）。当然，鉴于不同细胞株系对特定抗肿瘤肽的敏感性不同，各细胞株系也都有不同的来源和形态学、肿瘤学特征，因此实验者需根据需要选择合适的细胞株系。对于细胞实验，细胞毒性是抗肿瘤活性评价的重要内容，实验一般是使用噻唑蓝（MTT）法进行体外微量实验的，从而通过检测活细胞中线粒体琥珀酸脱氢酶的活性反映肽的细胞毒性。除了细胞毒性外，为了阐明活性肽导致肿瘤细胞死亡的机制，许多研究者也会借助流式细胞仪、荧光辅助细胞筛选分析等仪器和技术研究肿瘤细胞的凋亡、坏死和细胞周期活动。

二、抗肿瘤活性的体内评价方法

相比体外实验，利用动物模型的体内实验往往更具说服力。食源性蛋白质水解物/肽的体内抗癌活性测试一般以荷瘤小鼠为模型。在荷瘤小鼠模型构建成功后，根据肿瘤类型等情况的不同，采用腹腔注射或灌胃等方式给药一段时间。之后，通过测量肿瘤大小、肿瘤生长延迟、肿瘤倍增时间、肿瘤抑制率等指标反映肽的抗癌活性强弱，也可对肿瘤组织进行病理切片染色观察。

目前，抗肿瘤活性肽的活性检测往往要综合多个指标进行评价，且要体内外实验兼顾。

第四节　抗肿瘤活性肽的发展现状与前景展望

一、抗肿瘤活性肽的发展现状

生物活性肽用作抗肿瘤药物与传统化疗药物相比具有特异性强、毒副作用小、不产生耐药性、极易穿透肿瘤细胞膜、能提高机体免疫应答等特点。抗肿瘤肽类药物的资源数量巨大，来源广泛、制备技术多样化，已成为21世纪肿瘤治疗研究的热点。在抗肿瘤活性肽的研究与开发中，大量的体内体外评价实验为抗肿瘤活性肽在药物及功能食品领域的应用提供了理论支持，但抗肿瘤活性肽仍面临稳定性差、靶向性有待进一步提高等诸多问题。随着虚拟软件技术、分离纯化技术、分子修饰技术等相关科技的发展，相信抗肿瘤活性肽的缺点将逐一得到解决，抗肿瘤活性肽将越来越多地进入医药与功能食品领域，为肿瘤的预防和治疗带来新的希望。

二、抗肿瘤活性肽的发展趋势

现今，抗肿瘤活性肽在实际生产和临床应用中仍存在许多问题，也尚有许多极具潜力的发展方向，具体表现为以下几个方面：

（1）在生产上，天然提取活性肽的产量低、分离纯化工艺烦琐，而人工合成抗癌肽的成本太高，不利于商业化批量生产。因此，肽的可控酶解法生产，以及利用DNA重组技术，借助工程菌生产基因工程药物是当前抗肿瘤活性肽的主要研究方向。

（2）在新型肽的研发领域，发展简单、高效的从天然产物中筛选高活性、高靶向化合物的方法仍然是抗肿瘤活性肽研发的重点。在天然抗肿瘤活性肽的识别与筛选中，应该积极开展以生物靶分子识别活性分子的筛选方法为基础的研究，充分利用计算机辅助的虚拟筛选技术，真正将化合物的活性筛选和结构鉴定结合起来。同时，辅以对肿瘤医学的深入了解，才能真正促进抗肿瘤活性肽对癌症治疗的发展。

（3）抗肿瘤活性肽的安全性问题。一方面，多肽类药物的作用机制还有待明确，因此开展其作用机制的研究已成为目前亟待解决的问题。另一方面，虽然现有研究表明抗肿瘤活性肽对正常细胞几乎没有细胞毒性，但若作为药物和功能食品还是需要进一步进行药理，毒理的检测评价。当然，鉴于目前研究主要是基于细胞模型和动物模型开展的，因此人们还需要大量临床试验以探究肽的消化稳定性、生物利用率及安全性。

（4）抗肿瘤活性肽在体内的稳定性问题有待进一步解决。很多抗肿瘤活性肽具有稳定性差、体内易降解、生物利用率低的缺点。因此，对于注射类活性肽，需要解决其在血清中半衰期短的问题；而开发口服产品，还需考虑肽的消化稳定性。解决稳定性问题的一种思路在于对肽进行分子修饰和改造。例如，将肽中的部分L-氨基酸替换成D-氨基酸，可明显延长多肽的半衰期。另外，通过改进肽的输送方式也可保护肽免受降解，提高利用率，如用脂质体将抗肿瘤活性肽包裹后运送到肿瘤部位。

（5）通过化学修饰进一步增强抗肿瘤活性肽的靶向性和抗癌效果。例如，氨基酸替代法就是肽修饰的最简单的方法。肽工程也可以将两种肽组合在一起得到一种新型抗癌能力更强的多肽。这种新型组合肽可以进行活性互补并可能获得单体所没有的特性。例如，将细胞穿膜肽与抗肿瘤活性肽结合，借助细胞穿膜肽的穿膜活性将抗肿瘤活性肽送至细胞内，从而增强效果。

参考文献

[1] 蔡小华，谢兵. 天然抗肿瘤成分筛选的研究进展［J］. 今日药学，2015，21（5）：265-268.

[2] 韩笑，李娜，杜培革．抗肿瘤多肽研究进展［J］．中国生物工程杂志，2013，33（6）：93-98.

[3] 谢书越，穆利霞，廖森泰，等．抗肿瘤活性肽的研究进展［J］．食品工业科技，2015，（2）：368-372.

[4] 岳硕豪，田弛，张军林，等．抗癌肽研究进展［J］．生物技术通报，2017，33（11）：41-47.

[5] 张冉，劳兴珍，郑珩，等．抗肿瘤小分子多肽的研究进展［J］．氨基酸和生物资源，2012，34（4）：42-46.

[6] Chalamaiah M, Yu W, Wu J. Immunomodulatory and anticancer protein hydrolysates (peptides) from food proteins: a review [J]. Food Chemistry, 2017 (245): 205-222.

[7] Chalamaiah M., Jyothirmayi T, Diwan P V, et al. Antiproliferative, ACE-inhibitory and functional properties of protein hydrolysates from rohu (*Labeo rohita*) roe (egg) prepared by gastrointestinal proteases [J]. Journal of Food Science and Technology, 2015 (52): 8300–8307.

[8] Chi C, Hu F, Wang B, et al. Antioxidant and anticancer peptides from the protein hydrolysate of blood clam (*Tegillarca granosa*) muscle [J]. Journal of Functional Foods, 2015 (15): 301-313.

[9] Felício M R, Silva O N, Franco O L, et al. Peptides with dual antimicrobial and anticancer activities [J]. Frontiers in Chemistry, 2017(5): 1-9.

[10] Hsu K C, Li-Chan E C Y, Jao C L. Antiproliferative activity of peptides prepared from enzymatic hydrolysates of tuna dark muscle on human breast cancer cell line MCF-7 [J]. Food Chemistry, 2011 (126) 617–622.

[11] Huang J, Yang M, Jin J. Effects of uroacitides on the methylation of PTEN gene in myelodysplasic syndrome cells and its mechanism [J]. Zhonghua Xue Ye Xue Za Zhi, 2013, 34(7): 600-605.

[12] Mader J S, Hoskin D W. Cationic antimicrobial peptides as novel cytotoxic agents for cancer treatment [J]. Expert Opinion on Investigational Drugs, 2006, 15(8) : 933-946.

[13] Roveri M, Bernasconi M, Luciani P, et al. Peptides for tumor-specific drug targeting: state of the art and beyond [J]. Journal of Material Chemistry B, 2017: 1-17.

[14] Wang L, Dong C, Li X, et al. Anticancer potential of bioactive peptides from animal sources (Review) [J]. Oncology Reports, 2017 (38): 637-651.

[15] Wang Y, Li D, Shi H et al. Intratumoral expression of mature human neutrophil peptide-1 mediates antitumor immunity in mice [J]. Cancer Therapy: Preclinical, 2009, 15(22): 6901-6911.

[16] Wang Z, Zhang X. Isolation and identification of anti-proliferative peptides from *Spirulina platensis* using three-step hydrolysis [J]. Journal of the Science of Food and Agriculture, 2017 (97): 918–922.

第八章

肽与免疫健康

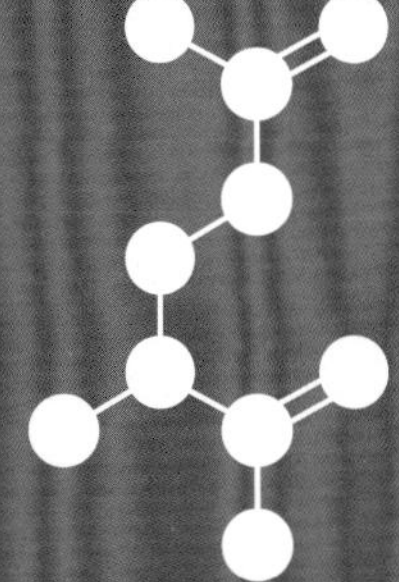

本章以人体免疫系统为切入点，重点介绍了直接提取获得的免疫调节肽以及蛋白质水解法制得的免疫调节肽的免疫功能及部分作用机制。在此基础上，本章针对现阶段免疫调节肽研究中存在的问题提出了建议，并对该领域进行前景展望。

免疫是人体的一种生理功能，人体依靠这种功能识别“自己”和“非己”成分，从而破坏和排斥进入人体的抗原物质（如病菌等），或人体本身所产生的损伤细胞和肿瘤细胞等，以维持人体的健康，抵抗或防止微生物或寄生物的感染或其他所不希望的生物侵入的状态。根据免疫响应的特点，免疫可分为非特异性免疫和特异性免疫。非特异性免疫作用不需要抗原（如各类异己成分）的事先暴露，可以立刻响应，能有效地防止各种病原体的入侵。特异性免疫是在主体的寿命期内发展起来的，是专门针对某个病原体的免疫。

人体免疫主要包括三道防线。第一道防线是由皮肤和黏膜构成的，它们不仅能够阻挡病原体侵入人体，而且它们的分泌物（如乳酸、脂肪酸、胃酸和酶等）还有杀菌的作用。特殊的如呼吸道黏膜上的纤毛，具有清除异物的功能，因而也属于第一道防线的组成部分。第二道防线是体液中的杀菌物质和吞噬细胞。第一道和第二道防线是人类在进化过程中逐渐建立起来的天然防御功能，特点是人人生来就有、不针对某一种特定的病原体、对多种病原体都有防御作用，因此二者同属非特异性免疫（又称先天性免疫）。多数情况下，单这两道防线就可以防止病原体对机体的侵袭。一旦有病原体等异己成分突破前两道防线侵入人体，这时免疫的第三道防线——特异性免疫就会发挥作用。特异性免疫主要由免疫器官（胸腺、淋巴结和脾脏等）和免疫细胞（淋巴细胞）组成。其中，淋巴B细胞“负责”体液免疫；淋巴T细胞“负责”细胞免疫（细胞免疫最后往往也需要体液免疫的参与）。第三道防线是人体在出生以后逐渐建立起来的后天防御功能，特点是出生后才产生，只针对某一特定的病原体或异物起作用，因而称作特异性免疫（又称后天性免疫）。后天性的特异性免疫系统是一个专一性的免疫机制。在该免疫系统中，免疫淋巴细胞（浆细胞）针对某一特定抗原所分泌的抗体，就只能对同一种抗原发挥免疫功能，而对变异或其他抗原无法发挥作用。图8-1展示了免疫系统的主要组成部分。

人体免疫系统与人体的各项生理功能息息相关，对于维持人体健康、抵抗各类疾病、保证人体各项代谢顺利进行都有重要意义。提高机体免疫力、增强机体免疫功能是预防各种疾病发生以及患者康复的关键所在。因此，寻求科学合理的措施以增强机体免疫功能具有紧迫性和必要性。

现代营养学研究发现人类摄食蛋白质经消化道的酶解作用后，大多是以小肽的形式消化吸收的，以游离氨基酸形式吸收的比例很小，因为小肽与游离氨基酸相比更便于通

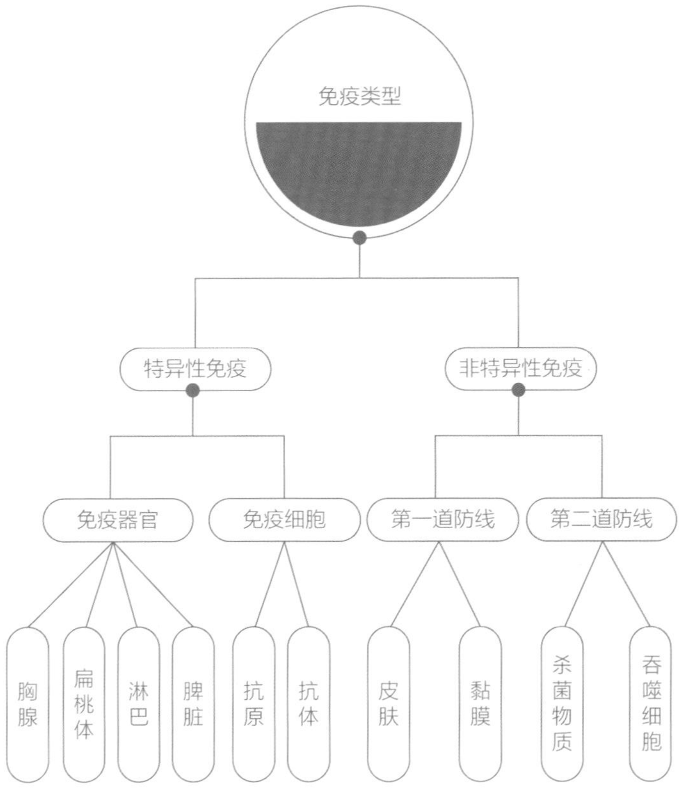

图8-1　**免疫系统的组成**

过肠壁转运。肽类物质营养作用的另一新认识是蛋白质在酶解过程中可以产生一些具有特殊生理调节功能的生物活性肽。在这些活性肽中有许多活性肽的组成氨基酸并不一定是必需氨基酸，这就为人类更充分利用蛋白质资源，尤其是那些原本认为生物价不高的蛋白质资源提供了新的途径和视角。

广义的免疫调节肽是所有具有免疫调节活性的肽类分子的统称，狭义的免疫调节肽一般是指具有免疫调节活性的分子质量相对较小的小（寡）肽。免疫调节肽的种类较多，包括从动物（人）组织器官中提取的一些生物活性肽、从微生物体内和植物组织器官中提取的一些生物活性肽、食源性蛋白质酶解产生的一些小（寡）肽，以及通过化学法合成或DNA重组法产生的一些小（寡）肽等。免疫调节肽的分子质量一般较低，在生物体内的含量也较少，当其进入抗原呈递细胞（Antigen Presenting Cells，APC）后可与MHC Ⅱ 类分子结合，形成结合物并被抗原的T细胞受体（T cell Receptor，TCR）识别，并呈递给$CD4^+$ T细胞，促使$CD4^+$ T细胞参与免疫应答反应，包括刺激淋巴细胞增殖、分化和成熟，增强巨噬细胞的吞噬功能等。

免疫调节肽的分类方式多种多样，可按生物物种（如动物、植物、微生物等）、获取方式、在生物体中的存在部位、前体蛋白质种类、免疫调节效果（刺激或抑制）等来进行划分。就目前而言，免疫调节肽的获取也可通过绪论中介绍过的4种途径进行，包括：①通过理化方法从生物机体组织器官中直接提取；②选择一些适宜的蛋白酶酶解食源性蛋白质获得；③基于已有研究结果，在已知一些免疫调节肽结构序列的基础上进行化学合成；④应用DNA重组技术表达已有的免疫调节肽。

本章主要介绍从生物材料中直接提取的天然免疫调节肽以及近年来最新研究的蛋白质水解法制得的免疫调节肽。

第一节 天然免疫调节肽

一、动物来源

（一）胎盘免疫调节因子

现代医学研究表明胎盘中含有多种活性物质，包括各种类固醇激素、蛋白质和肽类激素、细胞因子、生长因子、单胺和胆碱类神经递质。

胎盘免疫调节因子（Placental Immunoregulatory Factor，PIF）是刘月新等于1985年首先从健康产妇胎盘中提取到的一种主要成分为小分子多肽的混合物。其后，许多研究者对其理化性质、生物活性、临床应用做了大量研究。现已知道，PIF为无色或微黄透明液体，具有可透析性、可超滤性、蛋白质反应阴性、无抗原性等特性，其冻干品为白色粉末，易溶于水；经SDS-PAGE电泳和高效液相色谱分析仪测定，其分子质量介于3800～5000u；组分分析可知，其成分主要为多肽、核酸及16种游离氨基酸。研究表明，PIF是一种正向免疫调节剂，可提高细胞免疫功能，对体液免疫也有较强促进作用，可以全面改善因放疗、化疗或冷应激所致的免疫抑制。因而在临床上，PIF常用于肿瘤及肿瘤放化疗的辅助治疗。对于病毒性感染的治疗也具有一定作用，用从乙肝病毒标志阳性的胎盘中提取的特异性胎盘免疫调节因子治疗乙肝获得了良好效果。

（二）胸腺肽类

1961年，继Miller和Archer分别在小鼠和家兔中发现胸腺对于淋巴细胞的分化、成熟和免疫活性的获得有重要的作用后，许多学者相继从小牛、猪等胸腺或血清中分离得到胸腺肽混合物。Golden从小牛胸腺中分离出胸腺肽组分五（Thymosin Fraction 5，TF5，又名胸腺素五）后经等电聚焦凝胶电泳获得α1-10（PI＜5.0）、β1-5（5.0＜PI＜7.0）、γ（PI＞7.0）3个区15条多肽。近几年，国外研究机构对胸腺肽组分五进行了纯化及生物化学性质方面的研究，已证实有生物活性的单肽为α1、α5、α7、β3、β4。胸腺肽类物质普遍具有双向免疫调节作用，能使过强的或受到抑制的免疫反应趋于正常。另外，胸腺肽类物质还具有低剂量可以增强免疫反应，而高剂量可以抑制免疫反应的特点。胸腺肽类的靶细胞主要是T淋巴细胞。胸腺肽的家族成员可影响不同阶段的T淋巴细胞亚群成熟：β3和β4通过活化脱氧核苷酸转移酶（TDT）来改变TDT阴性T淋巴细胞脱氧核苷酸转移酶的表达；α1可诱导功能辅助性T淋巴细胞的形成，并将辅助Lyt-细胞转变为Lyt1+、Lyt2+和Lyt3+细胞；α7则诱导功能抑制性T淋巴细胞的形成，且也可将抑制性Lyt-细胞转变为Lyt1+、Lyt2+和Lyt3+细胞。在临床上胸腺素家族被广泛应用于与免疫功能失调有关的疾病，包括自身免疫性疾病（如系统性红斑狼疮、类风湿关节炎、重症肌无力、肾病综合征），病毒性感染（如乙肝、丙肝、流行性出血热、疱疹、艾滋病），肿瘤、肿瘤放化疗的辅助治疗，以及其他疾病（如小儿支气管哮喘、老年人免疫功能低下、子宫糜烂）。刘道猴等研究了胸腺肽α1对肺癌A549细胞凋亡作用的影响。结果如图8-2所示，胸腺肽α1（0、50、100mg/L）作用于肺癌细胞株A549细胞48h后细胞均出现了凋亡。0mg/L胸腺肽α1组的凋亡率为（0.80±0.07）%，50mg/L胸腺肽α1组的凋亡率为（5.36±1.07）%，100mg/L胸腺肽α1组的凋亡率为（10.00±2.97）%，各组细胞的凋亡率的差异具有统计学意义（$p<0.05$）。

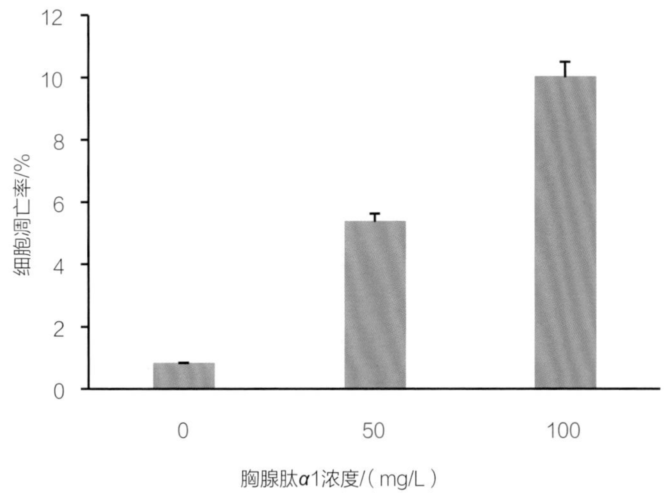

图8-2　胸腺肽α1对肺癌A549细胞凋亡的影响

（三）促吞噬肽

促吞噬肽（Tuftsin）是机体自然存在的免疫四肽，属于免疫球蛋白家族。1973年Naijar等人工合成Tuftsin并证实人工合成品与天然四肽具有相同的理化性质和生物学特性。由于脾切除以后，这种物质明显减少甚至消失，故人们认为这种物质是由脾脏产生的。在生理活动中，Tuftsin不仅作用于中性粒细胞而且还作用于巨噬细胞、自杀伤细胞（NK细胞）等。Tuftsin既有抗感染作用，又有抗肿瘤作用，目前国外已将人工合成的Tuftsin用于某些晚期肿瘤及艾滋病的治疗，并取得了一定的疗效。Tuftsin抗肿瘤作用主要表现为：①增强巨噬细胞的吞噬功能；②增强巨噬细胞溶解瘤细胞的作用；③增强了吞噬细胞的过氧化酶作用；④增强NK细胞活性。Chu等认为，Tuftsin的抗肿瘤机制不仅通过增加巨噬细胞的肿瘤趋向性、吞噬能力和分泌能力来实现，更重要的是增加巨噬细胞产生氧自由基——超氧阴离子的能力，因为巨噬细胞定向性向肿瘤细胞内释放超氧阴离子O_2^-对杀伤肿瘤细胞具有重要意义。实验证实，随着肿瘤的生长，Tuftsin的这种作用也随之减弱，测定巨噬细胞的氧产生量也随之减少，这启发人们对Tuftsin的抗肿瘤机制提出了上述新观点。荷瘤动物注射Tuftsin后能使接种性肿瘤发生延迟，发生率降低，并能抑制肿瘤的生长和减少转移。安映红等研究了Tuftsin衍生物TP对小鼠骨髓树突细胞（Dendritic Cells，DC）的效果。TP是指由赖氨酸将4个促吞噬肽样结构连接在一起得到的产物，结果表明TP对于细胞DC有很强的促进增殖的作用，具有促进术后免疫恢复的功能。如图8-3所示，TP对DC的增殖具有一定的作用。染色图效果如图8-4所示。

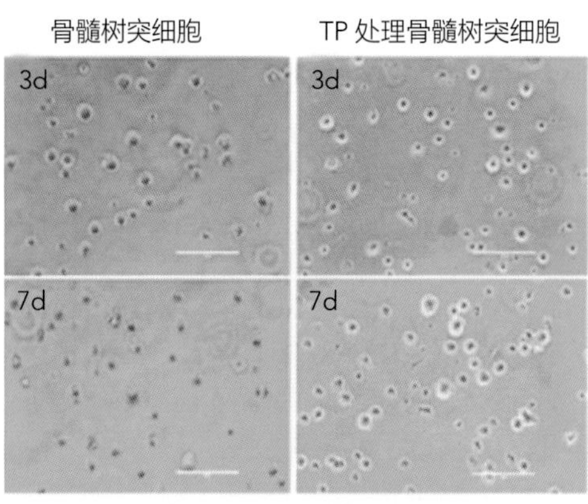

图8-3　TP对小鼠DC细胞增殖作用效果图

资料来源：安映红，等。生物技术通讯，2016，27（1）：66-68。

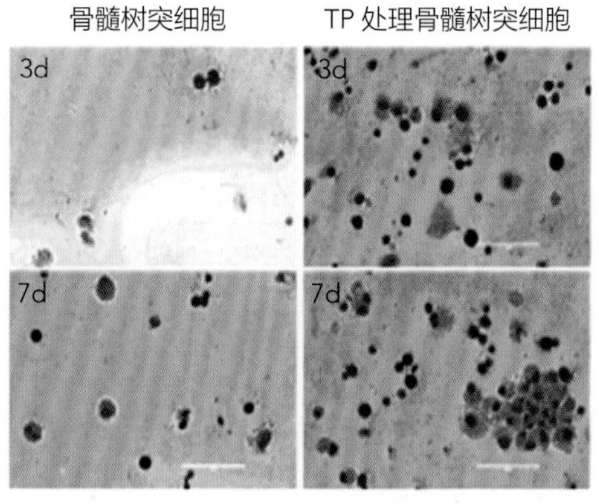

图8-4　Wright-Cimsa染色的DC细胞

资料来源：安映红，等。生物技术通讯，2016，27（1）：66-68。

（四）神经肽

免疫系统既有系统内的协调和制约，也与其他系统密切相关，这其中免疫系统与神经内分泌系统的关系更为密切，神经免疫调节的概念也由此而生。人们发现许多神经递质直接或间接地都对免疫系统起着作用，如血管活性肠肽、神经肽Y、阿片肽等神经肽都具有正向或负向免疫调节作用。

阿片肽是一类原先在中枢神经系统中发现的神经激素。近几年的研究结果表明，阿片肽几乎可参与免疫应答的全部环节，而且活化的免疫细胞也可合成并释放阿片肽，并主要以内分泌和旁分泌的方式参与免疫调节。阿片肽对NK细胞有直接的作用，而无需可增强NK细胞活性的IL-2、IFN-γ等细胞因子的介入。从细胞介导的免疫应答来说，阿片肽主要通过促进CD4淋巴细胞的分化、成熟来调节免疫反应。研究结果表明，应激的免疫反应也与阿片肽有关，应激的免疫反应不仅是下丘脑-垂体-肾上腺轴（HPA）的激活，阿片肽同样在该过程中发挥着重要作用。具体来说，阿片肽可使机体在各种应激条件下保持稳态，进而减少由于应激造成的免疫抑制。

神经肽是近年针灸机制研究中的热门话题。动物实验及临床试验均证明，针灸可以促进包括脑啡肽、内啡肽和强啡肽在内的阿片样肽、P物质、血管活性肠肽、胆囊收缩素等各类神经肽的产生，进而发挥针灸的免疫调节作用。

二、植物来源

从植物体内提取的免疫调节肽的研究报道较少。大多植物来源的免疫调节物具有双向免疫调节作用，植物来源的免疫调节剂研究较多的是多糖，多肽的研究则集中在几种花粉上。

万开科等从油菜花粉中提取的一种十二肽可提高猪胸腺细胞*E*-玫瑰花环成环率，促进肿瘤坏死因子（TNF）抑制肿瘤细胞L929并促进植物血凝素（Phytohaemagglutinin，PHA）激活的人外周血淋巴细胞（PBL细胞）的增殖；许家喜等从花粉中分离出的十三肽、十六肽、十七肽和二十一肽均可提高猪胸腺细胞*E*-玫瑰花环成环率，促进人外周血T淋巴细胞转化；刘俊达等从中国黑麦花粉中提取的一种十二肽可激活小鼠脾淋巴细胞转化，刺激白血病HL-60细胞株增殖，促进人PBL细胞表达免疫细胞因子IL-2。

三、微生物来源

（一）胞壁酰二肽（MDP）

胞壁酰二肽（MDP）是分枝杆菌细胞壁中具有免疫佐剂活性的最小结构单位，分子质量500u，氨基酸顺序为H_2N-乙酰胞壁酰-L-丙氨酸-D-异谷氨酰胺-COOH。MDP可以替代福氏完全佐剂中的整体分枝杆菌，促进机体对外源抗原的特异性免疫反应，还可以作为免疫调节剂在一定程度上增强机体对感染和肿瘤的非特异抵抗力。MDP类药物以前主要作为疫苗佐剂使用，现在作为免疫调节剂广泛应用。

对胞壁酰二肽（MDP）研究结果表明，MDP具有多种免疫刺激活性，可有效增加巨噬细胞吞噬力，提高外周白细胞水平；促进T淋巴细胞分化和增加其识别力，缩短其到达靶细胞的时间，提升B淋巴细胞数量，最终达到细胞免疫和体液免疫的高水平平衡调节。细菌的胞壁酰二肽成分可抑制肿瘤坏死因子α（TNF-α）和免疫细胞因子——白细胞介素-10（IL-10）的产生，但IL-6和IL-8不受其影响。流式细胞仪分析结果表明，所有MDP轭合物（1a、1b、8a、8c）都能显著影响外周血巨噬细胞的吞噬作用。如图8-5所示，王晓宁等研究了胞壁酰二肽激活大鼠巨噬细胞（UMR106）抗肿瘤效应的途径和机制，MDP在10^2μg/L浓度时，杀伤活性为（12±4.56）%（$p<0.05$）。随着MDP浓度的增加，大鼠巨噬细胞的杀伤活性继续升高，当MDP的浓度为1×10^3和1×10^4μg/L时，杀伤活性分别为（25±6.55）%和（44±9.71）%，显著高于对照组（$p<0.01$）。

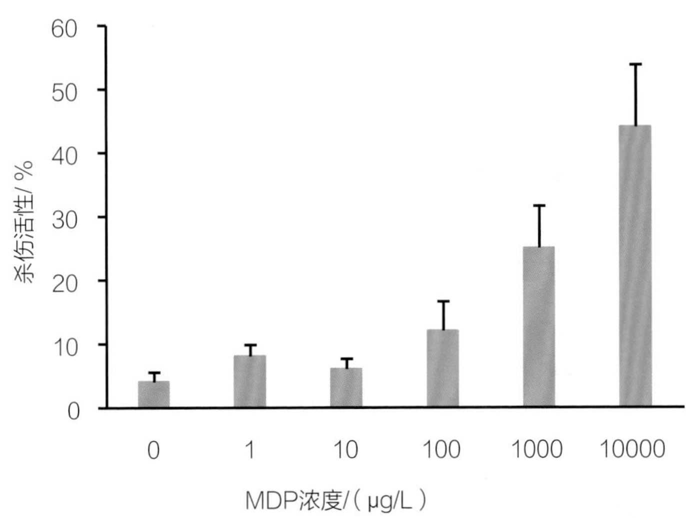

图8-5 MDP激活的SD大鼠腹腔巨噬细胞的杀伤效应

MDP对纤维肉瘤、肝细胞瘤、肺细胞瘤、黑素瘤、结肠腺癌、骨肉瘤、淋巴瘤均有非特异性抑制作用，可与大肠杆菌脂多糖（LPS）、肉毒素或化疗药物等协同抑制肿瘤。它能增强正常和免疫缺陷动物对多种病原体如肺炎杆菌、大肠杆菌、绿脓杆菌、白色念珠菌、人免疫缺陷病毒（HIV）、痘病毒、仙台病毒、单纯疱疹病毒、流感病毒等的非特异抵抗力。

（二）环孢素A（CsA）

环孢素A（Cyclospo rinA，CsA），是一种由8种氨基酸组成的环状亲脂性十一肽，分离自多孢木霉菌（*Trichoderma polysporum rifai*）和柱孢霉菌（*Cylindrocarpon lucidum booth*）的代谢产物，具有很强的免疫抑制活性。CsA可特异性识别胞浆中的嗜环蛋白A（Cyclophilin-A，CyP-A）并与其结合形成复合物。CsA-CyP复合体可以和信号转导途径中的Caleineurln的催化亚单位结合，使其不能脱去底物NF-ATP分子上的磷酸根，造成活化T细胞的核因子NFAT的激活和转移失败，从而影响Ill-2、IL-3、GM-CSF、TGF-Q等多种基因的转录，并最终妨碍T淋巴细胞活化扩增及其免疫应答的产生，这便是CsA产生免疫抑制作用的机制。

CsA的主要靶细胞是T淋巴细胞，尤其是TH细胞。抑制作用发生在T淋巴细胞受刺激后的0～4h，其作用是阻止T细胞从细胞分裂周期的G0期进入G1期，并呈剂量依赖关系。但CsA对激活后期（40h后）的T细胞无抑制作用。CsA能够抑制分裂原激活的T细胞分泌IL-2、IL-3、IL-4、IL-10、干扰素（IFN）等细胞因子。

CsA与传统免疫抑制剂相比具有选择性强、毒副作用相对较小、感染几率低等优点，目前广泛地用于肾、肝、心、胰脏及骨髓等器官和组织移植时的抗排斥反应和移植物抗宿主病（GVHD）的治疗，可提高移植物的成活率，并降低排斥反应和感染机会。近年来，CsA也用于各种自身免疫性疾病、难治性皮肤病、血液病及眼科疾病的治疗。其他微生物来源的免疫调节多肽有免疫增强剂，如链霉菌（*Streptomyces*）培养液中提取的苯丁抑制素（Bestatin）、氨肽霉抑制剂（Amastatin）、大肠杆菌（*E.coli*）培养液中提取的三棕榈酰五肽（Tripalmitoyl Pentapeptide）；也有免疫抑制剂，如马霉菌培养液中提取的新月环六肽（Cyclomunine），鬼笔鹅膏（俗称毒伞）中提取的毒蕈环肽A（Mushroom Cycloamanide A）。

（三）云芝糖肽（PSP）

云芝，又称杂色云芝、彩绒盖革菌，隶属真菌门、担子菌亚门、多孔菌科、革盖菌属，是微生物分类当中较为特殊的一类——大型蕈菌。云芝性微寒，能清热、消炎，主治气管炎、肝炎、肿瘤等，为传统的药用真菌，具有扶正固本、补益精气等药理功能。云芝糖肽（Polysaccharopeptide，PSP）是1984年杨庆尧教授首次从培养的云芝深层菌丝体中提取出来的一种多糖肽，是云芝的主要活性成分，药理学研究表明PSP具有十分明显的扶正固本作用，能增强机体的免疫功能。研究已经表明PSP能够提高白细胞和中性粒细胞计数和血清抗体IgG和IgM的水平，并且可减缓非小细胞肺癌患者的恶化程度。PSP也能中和环磷酰胺对于白细胞介素-2（IL-2）产生的抑制反应和迟发型超敏反应。在食管癌、胃癌和肺癌患者化疗和放疗的过程中，给予服用PSP能够减轻症状和预防免疫状态的下降。另外，PSP能显著增加$CD4^+/CD8^+$细胞的比值以及B淋巴细胞的数量和百分率，使肿瘤患者的免疫系统得以增强。在动物实验中，Ho等发现PSP可以促进鼠脾淋巴细胞的增殖，增加鼠脾淋巴细胞释放IL-2，IL-12、IFN-γ和IL-18等Th1型细胞因子；在体外细胞培养模型中，研究发现PSP（50～200mg/L）可促进PHA诱导的人外周血淋巴细胞对细胞因子IL-6的高效表达。因此，PSP可以增强T、B淋巴细胞作用，促进Th1型细胞因子生成，促进抗体的产生。同时，PSP可以诱导α-干扰素和γ-干扰素的产生，激活巨噬细胞、自然杀伤细胞、淋巴因子活化的杀伤细胞及肿瘤浸润淋巴细胞等抗癌免疫细胞的活性，拮抗化疗药物导致的免疫抑制，加速恢复射线对骨髓造血细胞的伤害，是肿瘤综合治疗中的生物效应调节剂。

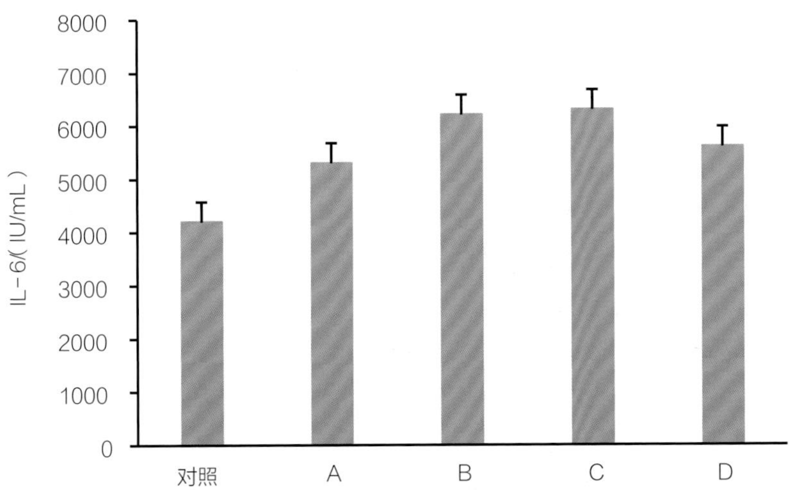

图8-6 不同浓度PSP对人PBL促诱生IL-6的影响

对照：PHA 100 μg/mL；A：PHA+PSP 400 μg/mL；B：PHA+PSP 200 μg/mL；C：PHA+PSP 100 μg/mL；D：PHA+PSP 50 μg/mL

资料来源：梁中琴，等。中国药学杂志，1999，34（10）：700-702。

IL-6是一种重要的细胞因子，可促使抗体生成，促进T淋巴细胞增殖和细胞毒T细胞的活化，还有抗病毒、抑制髓性白血病细胞等生长、促进巨核细胞分化成熟、升高血小板和白细胞、抑制肿瘤细胞生长等功效，具有广泛的临床应用前景。梁中琴等进行了云芝糖肽诱导人外周血淋巴细胞产生IL-6的研究，在经植物血凝素（PHA）活化下，加入不同浓度PSP与人外周血淋巴细胞（PBL）一起培养，于48h收获上清液，用异硫氰酸胍（MTT）法检测上清液中IL-6活性。由图8-6可知，IL-6活性与剂量不呈正相关，但加入了PSP培养的IL-6活性明显升高。

第二节 蛋白质水解免疫调节肽

一、海洋动物蛋白质源免疫调节肽

地球表面约70%的部分被海洋覆盖，海洋生物占据着全球生物多样性约一半的位置。近十年来，人们对于海洋资源以及海洋新型生物产品的开发不断增多。但由于深水层的资源开发存在困难，因此许多天然生物产品至今未被开发、分离出来，所以海洋成为了一个新型混合物的丰富来源。这其中，生物活性肽特别是免疫调节活性肽是海洋产品中比较重要的天然生物活性产品。

一些鱼的水解产物在动物体上表现出了极强的免疫调节效果。这些效果可能是由于促进了巨噬细胞的活性、淋巴细胞的增殖、自然致死细胞的活性以及细胞因子的活动。但是这些特殊的作用机制并没有被完全解释清楚。大西洋鳕鱼组织水解液能够促进大西洋大马哈鱼白细胞的氧化应激，并且刺激吞噬细胞的杀菌能力。太平洋鳕鱼蛋白发酵液以及马苏大马哈鱼水解液可以刺激鼠T细胞释放高水平的细胞因子。Yang等研究表明，狗鲑水解液能够促进鼠淋巴细胞的扩散、细胞因子的分泌以及自然致死细胞中细胞毒素的活动。这些水解产物在水产养殖业中也具有很大的潜在应用价值，因为其可以增强养殖鱼类的免疫系统，并且在渔场内也通常作为免疫增强剂添加到饲料中从而控制鱼类的传染性疾病。

来自大马哈鱼胸部鱼鳍水解液中的一种有抗炎症效果的三肽对于可诱导的含氮氧化酶以及环氧合酶-2的表达具有负向调节的作用。来自大型螺旋藻酶解产物的两种抗变应性肽LDAVNR（P1）以及MMLDF（P2）能够降低组胺的释放以及细胞内Ca^{2+}浓度的升高，由此可以抑制肥大细胞脱粒。这其中，抗变应性肽P1通过干预钙和微管所依赖的信号传导途径来发挥效应，而P2通过抑制磷脂酶Cγ活性以及相关氧化物的形成来发挥效应。原子核κB因子的迁移与白细胞介素-4的形成会在P1及P2的作用下被逐渐削弱。

胶原蛋白肽是另一种存在于海洋生物中与人体免疫关系较大的肽。胶原蛋白组成了无脊椎动物全部蛋白质的25%～35%，并且在哺乳动物纤维组织以及其他内脏器官中也经常出现。胶原蛋白在组织器官中扮演着重要角色并且起到细胞修复作用，但有时胶原蛋白可能与人体的某些疾病有关，因此一些消费者对哺乳动物胶原蛋白安全性产生了担忧。同时，一些组织也越来越多地倾向于让海洋来源的胶原蛋白作为哺乳动物胶原蛋白的良好替代品。

人体急性T淋巴细胞白血病（6T-CEM）细胞系可用于通过各种趋化因子的表达来确定生物材料的免疫学和毒理学反应，6T-CEM上有着II型胶原蛋白（Type-II Collagen，CII）和II型胶原蛋白肽（Type-II Collagen Peptide，CII-P）特殊的结合靶蛋白，有研究确定了6T-CEM细胞对CII 的耐受性，并且发现CII 具有治疗自身免疫性疾病的潜力，先前的研究也对鸡、绵羊和牛来源的CII 用于治疗类风湿性关节炎（一种自身免疫疾病）的口服耐受性进行了评估。Bu等从蓝鲨软骨中提取出了CII以及CII-P，研究了其免疫耐受性的理化作用和体外作用机制。最终结果表明，由于CII 与CII-P的氨基酸构成不同，其生化活性以及抗氧化性能也是不同的，CII 具有更好的生物相容性，而CII-P具有更高的抗氧化活性和低碳水化合物含量。Bu等的研究使用了10μg/mL的CII 和CII-P处理人体6T-CEM细胞，发现CII 和CII-P能够有效地引起6T-CEM细胞的凋亡，这些诱导凋零现象的产生则可能是由于6T-CEM细胞表面受体（如FAS/APO-1受体）被激活并且与胶原蛋白结合而产生的，具体细胞凋亡现象如图8-7所示，箭头表示CII 与CII-P处理后细胞凋亡的6T-CEM细胞的质膜破坏。总体来说，人体6T-CEM细胞免疫耐受性以及细胞凋亡与蓝鲨中提取的CII 和CII-P密切相关，而蓝鲨胶原蛋白显示出的极高的抗氧化活性也说明其本身存在着作为功能食品的潜在价值。

二、骨源抗菌性免疫调节肽

Veldhuizen等研究表明猪骨髓抗菌肽-23（PMAP-23）是一种猪宿主防御肽，具有极高抑制革兰阴性菌与革兰阳性菌的抗菌活性。PMAP-23及其衍生物具有抗菌及免疫活性的核心机制也得到了证实。该肽主要的功能作用如图8-8所示。

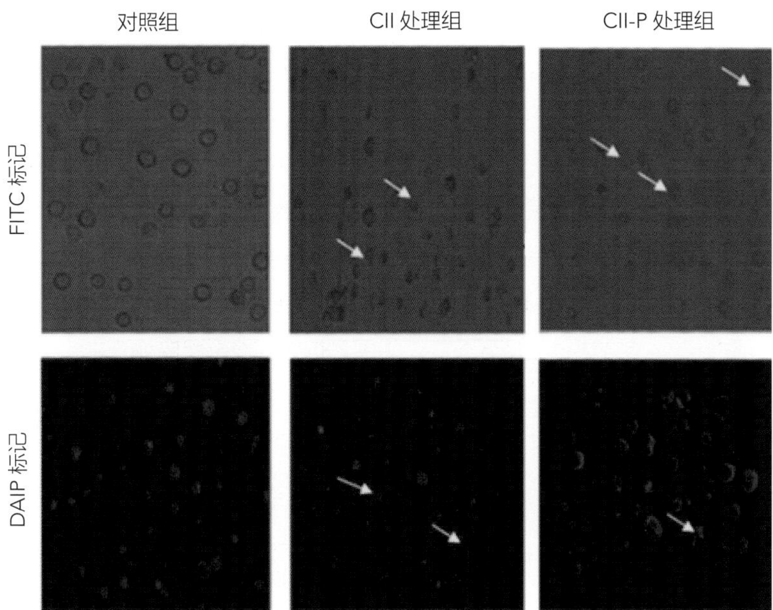

图8-7　6T-CEM细胞在荧光显微镜下的结构

注：箭头表示因CII与CII-P处理而凋亡的6T-CEM细胞的质膜破坏。
资料来源：Bu Y，et al。Process Biochemistry，2017，57：219-227。

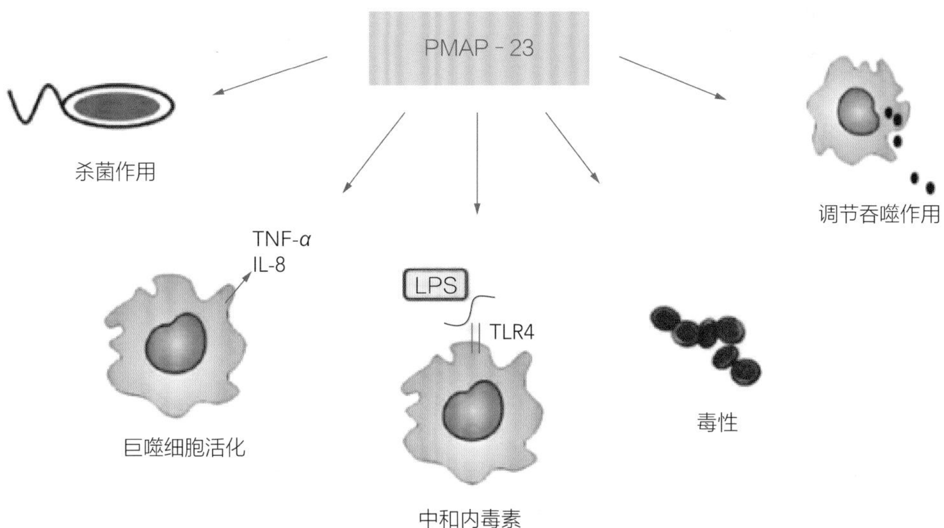

图8-8　猪骨髓抗菌肽PMAP-23主要功能

资料来源：Protein & Peptide Letters 2017。

Veldhuizen等对PMAP-23进行了进一步研究，通过合成PMAP-23和经过截短或突变的PMAP-23衍生物，使用菌落计数分析测定其对革兰阳性菌和阴性菌的抗菌活性。结果发现，PMAP-23被截掉几个氨基酸后的剩余肽段，其抗菌活性也并没有明显下降。但有趣的是，将PMAP-23从C羧基端截去几个氨基酸后，其抗菌活性会受到食盐的强烈抑制，但不被截断的完整肽段或从N氨基端截断的肽就不会产生这类结果。在接近40μmol/L的浓度下，几乎没有肽段产生溶血性和毒性。全肽段的PMAP-23能够诱导猪上皮细胞白细胞介素-8（IL-8）的产生，但在被截断的不完整肽段中这种效果就消失了。因此，PMAP-23是一种有着有限免疫调节效果的免疫调节肽，主要为抗菌药物，免疫调节能力有限。

三、乳蛋白质源免疫调节肽

在许多动物以及植物蛋白质中，许多有潜在活性成分的肽均逐渐得到证实，乳蛋白被认为是生物活性肽的主要来源之一。在计算机模拟蛋白质水解实验中，乳蛋白也被评估为生物活性肽的极佳前体物质。乳蛋白肽与人体健康相关的生理活性主要有抗高血压、抗氧化效果、免疫作用、金属与金属离子运输效果、抗病毒以及平滑肌收缩作用等。

牛乳酪蛋白的水解产物在脾脏淋巴细胞的增殖扩散中的免疫效果已经得到了证实。胰液以及胰蛋白酶水解物中的α-酪蛋白以及β-酪蛋白显著抑制了增生反应，κ-酪蛋白也显示出了一定的抑制作用。κ-酪蛋白的胃蛋白酶水解产物也显著刺激了人淋巴细胞的增殖扩散，并且在同期研究中发现κ-酪蛋白水解物对人淋巴细胞的增殖会产生持续的促进效果。另外，一种酪蛋白衍生得到的含有64个氨基酸的糖巨肽（GMP）对人体外周血管白细胞的影响也得到了证实，通过胃蛋白酶水解产生的GMP表现出很强的促进细胞增殖及吞噬活性的功能。这表明胃蛋白酶水解片段GMP具有促进免疫调节的功效。

乳清蛋白中的α-乳白蛋白水解物在鼠体内表现出了增强体液免疫应答的效果，这种影响包括调节B淋巴细胞以及T辅助细胞的活性。另外，Miyauchi等发现牛乳铁蛋白水解物对B淋巴细胞具有很强的刺激作用，对于增强人体免疫具有良好的促进作用。进一步的研究表明，这些来自乳清蛋白的酶水解产物的免疫效果体现在促进了淋巴细胞的增殖。

免疫调节活性是乳蛋白及其蛋白肽展现出的有益效果之一，众多研究表明酪蛋白以及乳清蛋白的水解产物以及肽段具有很强的免疫活性。酪蛋白是免疫调节肽原料中较为重要的组成部分，也有许多研究着力于乳清蛋白肽。但评价单个肽的免疫活性，大多数的肽仍旧来源于酪蛋白，尤其是β-酪蛋白是肽的主要来源。

但是，乳蛋白来源肽的免疫活性作用在分子层面的机制至今并未被解释清楚。免疫调节肽长度不一，不同的结构特征可能会导致对其目标的非特异性识别。因此，对于新型免疫调节肽及其特性的鉴定对于支持其现有的研究信息是很重要的。现在研究应在其功能特性研究的基础上逐步开发其机制。

另一方面，现有的研究仅提出了乳蛋白水解物或肽的生物活性，其他重要的部分如传递性能等也需要被了解，乳蛋白水解产生的苦味物质也需要进一步研究。因此，在这些水解产物及肽被用作食品原料之前，一些相应的技术也亟待开发，以保证在改善口感的同时保持其生物活性。

四、禽类来源免疫调节肽

鸡自然杀伤细胞溶解酶（cNK-lysin）是人颗粒溶素（Human Granulysin）的同系物。人颗粒溶素是在细胞溶解颗粒中发现的一种物质，主要存在于人体自然杀伤细胞和T淋巴细胞细胞毒素（CTLs）中。之前有研究证明cNK-lysin在艾美球虫感染的肠淋巴细胞中有较为有效的表达，这说明它在寄生虫感染中起到了一定的作用。随后的研究也表明cNK-lysin以及cNK-2（cNK-lysin的核心α螺旋区域）可以通过破坏寄生体细胞膜来杀死艾美球虫孢子体。有趣的是，cNK-2也表现出了较高的抗菌性。

Kim等通过提高趋化因子、抗炎症效应、信号通道的诱导效应研究了cNK-lysin分离肽在鸡巨噬细胞链HD11中的免疫应答调节作用。结果表明，cNK-2诱导了趋化因子CCL4、CCL5以及细胞白介素IL-1β在原白细胞HD11细胞、CCL4细胞以及CCL5细胞中的表达。同时，研究证实了cNK-2通过抑制IL-1β的表达抑制了脂多糖诱导的炎症反应。cNK-2的免疫活性涉及有丝分裂原激活蛋白激酶介导的信号通道，包括p38、胞外信号控制激酶1/2以及c-jun蛋白的N末端激酶。这些结果表明cNK-2具有潜在的免疫调节活性。

除了禽类本体产生的免疫调节肽，以一些禽类副产品为原料，也可制备具有很强生物活性的肽。例如，鸡蛋蛋白中的蛋白质以及生物活性肽展现出了很强的生物活性。Liu等研究了卵转铁蛋白（OVT）经酶水解后产物的活性。研究表明，OVT胃蛋白酶水解物能够通过降低MHC-II、CD83、CD86及其产物TNF-α、IL-12P70和RNATES的表达水平，从而有效抑制脂多糖（LPS）诱导的成熟BMDCs，但能够促进产物IL-10的增加。另外，OVT胃蛋白酶水解产物能够减少LPS刺激BMDCs诱导产生的异体T淋巴细胞的增殖扩散，并且降低活性T淋巴细胞产物IFN-γ的含量。与此相反，在增强MHC-IIOVT以及共刺激白细胞CD83、CD86与其产物TNF-α、IL-12p70、RANTES表达水平的方面，胰蛋白酶水解物起到了诱导了成熟树突状细胞的作用。另外，OVT胰蛋白酶水解物促进了LPS刺激树突状细胞诱导异体T淋巴细胞活性的能力。这些结果表明OVT蛋白酶水解物具有一定的免疫调节活性，并且可通过调节树突状细胞的成熟性来调节人体免疫，可将其作为一种潜在的功能食品原料。

五、植物蛋白质源免疫调节肽

小麦、大米、大豆中有丰富的蛋白质，对于以这些植物蛋白质为来源的免疫活性肽的研究现已取得了一些进展。对小麦免疫活性肽研究较多的是阿片肽，主要通过采用胃蛋白酶及胰蛋白酶等水解小麦面筋蛋白获得。Hirai等从小麦面筋中提取的多聚焦谷氨酰亮氨酸（PyroGlu-Leu）可以抑制LPS诱导的NO、TNF-α和IL-6的产生，具有抑制炎症的免疫调节作用。Yin等在大鼠小肠损伤模型中研究发现小麦肽可以通过降低小肠黏膜的TNF-α水平来消除水肿与小肠损伤，提高大鼠的肠道功能。

大豆具有较高的蛋白质含量和氨基酸消化率，大豆蛋白酶解物中的大豆肽具有多种生物学活性。Tung等发现从大豆蛋白中得到的露那辛多肽作用于人外周血单核细胞来源的树突状细胞后，可以增加共刺激分子CD86、CD40，以及细胞因子IL-1β、IL-6和趋化因子CCL3、CCL4的表达。Chang等的研究表明露那辛多肽可以与细胞因子IL-12或者IL-2协同作用来调节自然杀伤（NK）细胞许多基因的表达，并导致NK细胞活性与细胞毒性的大大增强，可以用于针对获得性免疫缺陷综合征的免疫治疗。

大米蛋白肽具有刺激肠免疫系统、诱导单核细胞增殖、改善白细胞参数、调节抑菌性及刺激淋巴细胞增殖和细胞因子释放等功能。最早在1994年，Takahashi等就从大米蛋白的胰蛋白酶酶解产物中分离出了八肽Gly-Tyr-Pro-Met-Try-Pro-Leu-Arg，发现其具有引起豚鼠回肠收缩、抗吗啡和刺激巨噬细胞吞噬功能等免疫调节作用。最近，Xu等研究发现富硒大米蛋白酶解物可以保护Pb^{2+}引起的RAW 264.7巨噬细胞毒性，表明大米活性肽对免疫细胞具有免疫保护作用。

这些免疫活性肽的研究不仅表明食源性植物蛋白肽的生物活性，同样为食源性植物在生产及临床疾病改善中的应用提供了更多契机。

第三节 免疫调节肽的发展现状与前景展望

一、免疫调节肽的发展现状

免疫调节肽来源广，种类多，可通过调节机体免疫器官（组织）的生长发育、免疫细胞的活性与功能、迟发型变态反应、抗体产生、细胞因子的分泌与表达以及免疫相关信号分子的释放等来调节机体免疫功能，在保证动物（人）的健康中具有重要作用，作为功能食品应用于保健与预防医学领域前景广阔。免疫调节肽的研究已成为医学中非常活跃的研究领域，随着研究的日趋深入将有更多新的免疫调节肽被发现。但目前看来，大多数免疫调节肽调节机体免疫功能的机制仍不清楚，研究工作滞后，并且在众多生物体内仍隐藏着尚未被发掘的免疫调节肽。

二、免疫调节肽的发展趋势

基于现阶段免疫调节肽的研究现况，今后免疫调节肽还可从以下几方面深入开展研究：

（1）来源与功能的多样性　一方面，随着研究方法的不断提高，特别是随着蛋白质工程和酶工程技术的迅速发展，将不断有新的原料被发现；另一方面，利用现代生物信息学技术预测新的免疫调节肽也是一种新思路。

（2）免疫调节肽构效关系　采用定量构效关系（QSAR）建模的方法，对肽的生理活性与结构间的关系进行研究，用数学模式来表达多肽类似物的化学结构信息与特定的生物活性强度间的相互关系，为更好地利用与开发活性肽提供契机。

（3）制备的关键技术　酶水解法是目前最具有发展前景的免疫调节肽制备技术，而如何对蛋白质进行靶向性的酶解仍是蛋白质酶解制备活性肽技术中最难解决的核心问题。靶向性水解包括控制肽段的长度及对功能性序列的保护，未来需进一步攻克特殊蛋白质酶切位点的暴露与隐藏的技术难关。

综上所述，今后除了通过各种科学途径进一步丰富免疫调节肽数据库外，还应该加大免疫调节肽调节机体免疫功能的机制研究，只有在了解其调节机制和进行全面的安全评价后，免疫调节肽产品才能更好地投入实际应用。

参考文献

[1] 安映红，宣自学，韩苏，等. 促吞噬肽衍生物TP对树突状细胞功能的影响［J］. 生物技术通讯，2016，27（1）：66-68.

[2] 程媛，曹慧，徐斐，等. 食源性蛋白中免疫活性肽的研究进展［J］. 食品科学，2015，36（12）：296-299.

[3] 陈月华，程云辉，许宙，等. 食源性生物活性肽免疫调节功能研究进展 [J]. 食品与机械，2016 (5): 209-213.

[4] 梁中琴，王晓霞，顾振纶. 云芝糖肽诱导人外周血淋巴细胞产生IL-6的研究 [J]. 中国药学杂志，1999，34 (10): 700-702.

[5] 林丽，吴超，刘勇，等. 云芝糖肽对健康人外周血淋巴细胞的体外免疫调节作用 [J]. 现代中西医结合杂志，2015 (3): 248-250.

[6] 林丽，吴超. 云芝糖肽免疫调节作用研究进展 [J]. 辽宁中医药大学学报，2010 (6): 273-275.

[7] 刘道猴，夏晓东. 胸腺肽α1对肺癌细胞株A549细胞凋亡的影响 [J]. 中国临床药理学杂志，2016，32 (19): 1776-1779.

[8] 刘月新，王勋楚，段茂芳，等. 一种新的免疫调节剂——胎盘因子的制备与研究 [J]. 中国免疫学杂志，1985 (5): 51-54.

[9] 吕学泽，王雪敏，梁玉荣，等. 免疫活性肽的研究进展 [J]. 中国畜牧兽医，2011，38 (4): 170-172.

[10] 万开科，宋艳玲，季爱雪，等. 油菜花粉十二肽和类似物的合成及性质的研究 [J]. 高等学校化学学报，1995，16 (4): 543-548.

[11] 王晓宁，范清宇. 胞壁酰二肽激活大鼠巨噬细胞抗肿瘤免疫效应的研究 [J]. 细胞与分子免疫学杂志，1999 (3): 193-195.

[12] 许家喜，金声. 罂粟花粉中水溶性肽的分离纯化、序列测定和合成的研究 [J]. 化学学报，1995，53 (8): 822-827.

[13] 郑睿行，马力. 免疫调节肽的概述 [J]. 生命科学仪器，2008，6 (10): 9-12.

[14] 钟英英. 天然免疫调节肽的研究概况 [J]. 重庆科技学院学报, 2005, 7(2):69-72.

[15] Bu Y, Elango J, Zhang J, et al. Immunological effects of collagen and collagen peptide from blue shark cartilage on 6T-CEM cells [J]. Process Biochemistry, 2017 (57): 219-227.

[16] Chang H C, Lewis D, Tung C Y, et al. Soypeptide lunasin in cytokine immunotherapy for lymphoma[J]. Cancer Immunology Immunotherapy Cii, 2014, 63(3): 283-295.

[17] Cheung R C, Ng T B, Wong J H. Marine peptides: Bioactivities and applications [J]. Marine Drugs, 2015, 13(7): 4006-4043.

[18] Chu D Z, Nishioka K. Tuftsin increases survival in murine peritoneal carcinomatosis [J]. Journal of Biological Response Modifiers, 1990, 9(2): 264-267.

[19] Eja V, Scheenstra M R, Jlm T B, et al. Antimicrobial and immunomodulatory activity of PMAP-23 derived peptides [J]. Protein and Peptide Letters, 2017, 24(7): 609-616.

[20] Hirai S, Horii S, Matsuzaki Y, et al. Anti-inflammatory effect of pyroglutamyl-leucine on lipopolysaccharide-stimulated RAW 264.7 macrophages[J]. Life Sciences, 2014, 117(1): 1-6.

[21] Ho C Y, Lau C B, Kim C F, et al. Differential effect of *Coriolus versicolor* (Yunzhi) extract on cytokine production by murine lymphocytes in vitro [J]. International Immunopharmacology, 2004, 4(12): 1549-1557.

[22] Hu H, Yan F, Li B, et al. Purification and identification of immunomodulating peptides from enzymatic hydrolysates of Alaska pollock frame [J]. Food Chemistry, 2012, 134(2): 821-828.

[23] Kawasaki Y, Isoda H, Tanimoto M, et al. Inhibition by lactoferrin and κ -casein glycomacropeptide of binding of *Cholera* toxin to its receptor[J]. Bioscience, Biotechnology, and Biochemistry, 1992, 56(2): 195-198.

[24] Kim W H, Lillehoj H S, Min W. Evaluation of the immunomodulatory activity of the chicken NK-lysin-derived peptide cNK-2[J]. Scientific Reports, 2017, (7): 45099.

[25] Korhonen H. Milk-derived bioactive peptides: From science to applications [J]. Journal of Functional Foods, 2009, 1(2): 177-187.

[26] Liu J, Wang S, Qi J, et al. The immunostimulatory effect of bio-active peptide from pollen on murine and human lymphocytes [J]. Mechanisms of Ageing & Development, 1998, 104(2): 125-132.

[27] Miyauchi H, Kaino A, Shinoda I, et al. Immunomodulatory effect of bovine lactoferrin pepsin hydrolysate on murine splenocytes and Peyer's patch cells [J]. Journal of Dairy Science, 1997, 80(10): 2330-2339.

[28] Otani H, Odashima M. Inhibition of proliferative responses and rabbit Peyer's patch cells by bovine milk caseins and their digests [J]. Journal of Dairy Research, 1995, 62(2): 339-348.

[29] Reyes-Díaz A, Reyes-Díaz R, Vallejo-Cordoba B. Immunomodulation by hydrolysates and peptides derived from milk proteins [J]. International Journal of Dairy Technology, 2017, 71(1): 1-9.

[30] Takahashi M, Moriguchi S, Yoshikawa M, et al. Isolation and characterization of oryzatensin: a novel bioactive peptide with ileum-contracting and immunomodulating activities derived from rice albumin [J]. Biochemistry and Molecular Biology International, 1994, 33(6): 1151-1158.

[31] Tung CY, Lewis DE, Han L, et al. Activation of dendritic cell function by soypeptide lunasin as a novel vaccine adjuvant [J]. Vaccine, 2014, 32(42): 5411-5419.

[32] Xu Z, Fang Y, Chen Y, et al. Protective effects of Se-containing protein hydrolysates from Se-enriched rice against Pb(2+)-induced cytotoxicity in PC12 and RAW264.7 cells[J]. Food Chemistry, 2016 (202): 396-403.

[33] Yamauchi F, Suetsuna K. Immunological effects of dietary peptide derived from soybean protein [J]. Journal of Nutritional Biochemistry, 1993, 4(8): 450-457.

[34] Yang R, Zhang Z, Pei X, et al. Immunomodulatory effects of marine oligopeptide preparation from *Chum Salmon* (*Oncorhynchus keta*) in mice[J]. Food Chemistry, 2009, 113(2): 464-470.

[35] Yin H, Pan X, Wang S, et al. (ASC-2013-0446) Protective effect of wheat peptides against small intestinal damage induced by non-steroidal anti-inflammatory drugs in rats [J]. Journal of Integrative Agriculture, 2013, 13(9): 2019-2027.

[36] Yoshikawa M, Kishi K, Takahashi M, et al. Immunostimulating peptide derived from soybean protein[J]. Annals of the New York Academy of Sciences, 2010, 685(1): 375-376.

第九章

肽与骨骼健康

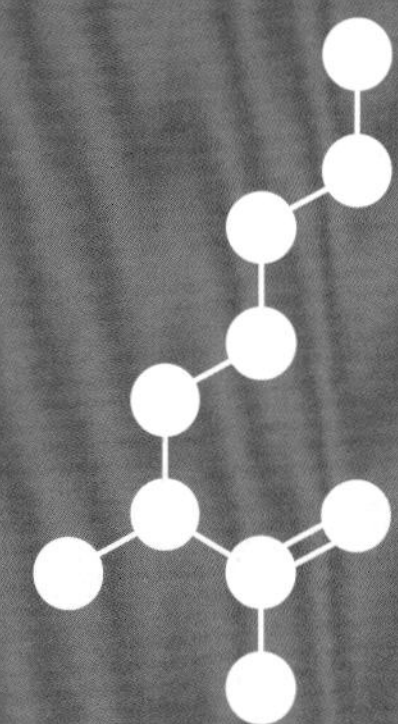

本章在普及骨骼相关知识的基础上，介绍了胶原蛋白的结构、种类及用于营养补充的胶原蛋白肽的制备方法，重点介绍了胶原蛋白及其水解多肽对骨骼的作用，同时列举了一系列蛋白多肽作用于骨骼疾病的试验实例，证明补充蛋白多肽是应对骨骼疾病的一种具有前景的防治手段。

第一节 骨骼

一、骨骼的概念

骨骼：人或动物体内或体表的坚硬组织。可分为两种，人和高等动物的骨骼在体内，由许多块骨头组成，称作内骨骼；节肢动物、软体动物体外的硬壳以及某些脊椎动物（如鱼、龟等）体表的鳞、甲等称作外骨骼。通常说的骨骼指内骨骼。

二、人体骨骼

骨骼是组成脊椎动物内骨骼的坚硬器官，功能是运动、支持和保护身体；骨骼也是红血球和白血球的生成制造场所，同时具有储藏矿物质的功能。骨骼由各种不同的形状组成，有复杂的内在和外在结构，使骨骼在减轻重量的同时能够保持坚硬。骨骼的成分之一是矿物质化的骨骼组织，其内部是坚硬的蜂巢状立体结构；其他组织还包括了骨髓、骨膜、神经、血管和软骨。人体骨骼结构如图9-1所示。

（一）人体骨骼的构成

1. 颅骨（23块）

（1）脑颅骨（8块） 额骨1块、筛骨1块、蝶骨1块、枕骨1块、顶骨2块、颞骨2块。

（2）面颅骨（15块） 鼻骨2块、泪骨2块、腭骨2块、上颌骨2块、下鼻甲2块、颧骨2块、下颌骨1块、舌骨1块、犁骨1块。

2. 听小骨（6块）

锤骨2块、砧骨2块、镫骨2块。

3. 躯干骨（51块）

椎骨24块、胸骨1块、肋骨12对（24块）、尾骨1块、骶骨1块。

4. 四肢骨（126块）

（1）上肢骨（64块）　肩胛骨1块、锁骨1块、肱骨1块、尺骨1块、桡骨1块、腕骨8块、掌骨5块、指骨14块，×2。

（2）下肢骨（62块）　髋骨1块、股骨1块、髌骨1块、胫骨1块、腓骨1块、跗骨7块、跖骨5块、趾骨14块，×2。

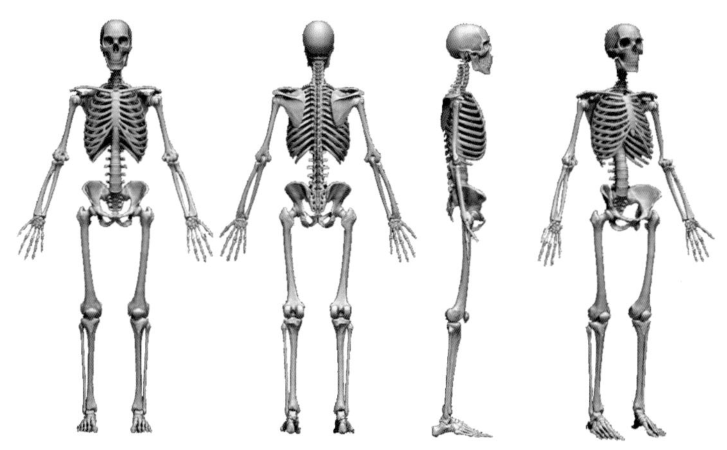

图9-1　**人体骨骼**

资料来源：http://anatomyhumanbody.us/human-skeleton-3d-model/。

（二）人体骨骼的功能

（1）保护功能　骨骼能保护内部器官，如颅骨保护脑、肋骨保护胸腔内脏器等。

（2）支持功能　骨骼构成骨架，维持身体姿势。

（3）造血功能　骨髓位于骨髓腔和骨松质的间隙内，通过造血作用制造血细胞。

（4）贮存功能　骨骼贮存身体重要的矿物质，如钙和磷等。

（5）运动功能　骨骼、骨骼肌、肌腱、韧带和关节等一起产生并传递力量使身体运动。

需要注意的是，大部分的骨骼或多或少可以执行上述的所有功能，但是有些骨骼只负责其中几项。

三、骨骼相关疾病举例及其研究进展

（一）骨质疏松症

骨质疏松症（Osteoporosis）会导致人体残疾，并且需要花费大量的医疗费来治疗。其发病率随年龄增加而递增，且更年期发生的激素变化，导致女性发病率是男性的两倍。骨质疏松被定义为骨骼紊乱，其特征是低骨矿质密度、骨组织微观结构改变和更高的骨折风险（图9-2）。一些药物已可用于治疗骨质疏松，如双磷酸盐或甲状旁腺激素衍生物等。然而，需要强调的是，此类治疗方法通常效果较差，且在治疗结束后效果并不持久。这也是为什么人们越来越关注于早期预防以避免或推迟骨功能极限的到来，而不是采取治疗的策略。然而，激素补偿疗法这样传统的预防法由于可能增加患癌症和心血管疾病的风险而受到限制。这就是健康方面的专业人士强烈提倡实施那些科学和临床上被证明在预防骨质疏松症方面有价值的新方法的原因。

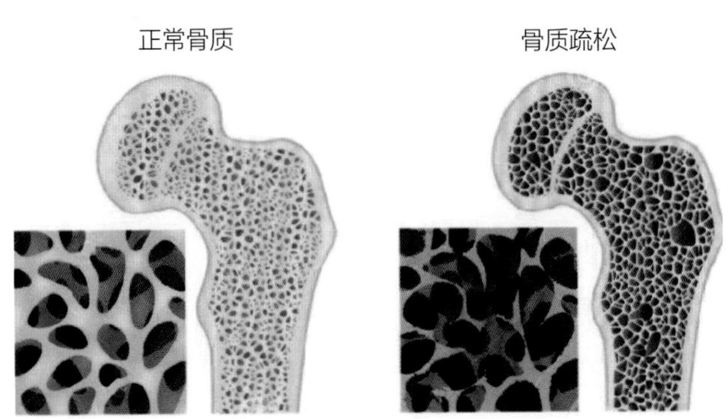

图9-2 **正常人群与骨质疏松患者骨质结构对比图**

资料来源：https://www.ghfp.com.au/featured-content/osteoporosis。

（二）骨关节炎

骨关节炎（Osteoarthritis）是以关节软骨退化、骨刺形成和软骨下骨硬化为特征的慢性关节疾病。这些病理变化导致骨关节炎患者的关节僵硬，出现慢性疼痛和重大残疾。目前，骨关节炎有许多治疗方法，从保守治疗到极端手术（如全膝关节置换术）。治疗骨关节炎的保守措施包括使用非类固醇抗炎药物进行药物治疗、关节内注射透明质酸和物理治疗。然而，这样的治疗只能减轻患者所受疼痛，而不治疗疾病的潜在病理。此外，这些治疗方法长期使用后有时会出现副作用。因此，需要研究应对骨关节炎的替代方法。目前，已对一些从与促进健康和预防疾病有关的功能食品中获得的活性成分进行了研究，包括对软骨有保护作用的葡萄糖胺。

（三）骨软骨损伤

骨软骨损伤（Osteochondral Defects）是同时累及关节软骨及其下方软骨下骨的损伤，临床中不同病因引起的骨软骨损伤发生病变的位置、大小、破坏程度有一定差异，病理特征各不相同，主要发生于创伤性骨软骨损伤、剥脱性骨软骨炎、骨坏死、骨关节炎等。骨软骨损伤通常需要外科手术治疗，如果形成与天然透明软骨不同生物力学属性的纤维软骨，将导致软骨下骨进一步退变，并引发相邻正常软骨病变恶化导致的严重疼痛、关节畸形及关节活动度丧失。目前的治疗方法主要有传统临床治疗策略（包括姑息性治疗、修复性治疗及再生性治疗）以及组织工程治疗策略（联合支架、细胞、生长因子等相关要素协同作用）。应对骨软骨损伤的新型治疗方法也在持续研究当中。

软骨不易修复的首要原因是软骨的代谢活跃而修复能力有限，没有血管的供应，在损伤之后不能形成纤维凝块，没有炎性细胞迁移进入，也没有血管未分化细胞进入损伤的部位，所以不易进行修复。第二个原因是软骨本身在损伤部位缺乏未分化的细胞，软骨细胞是一个高分化的细胞，损伤之后不能够迁移生长到损伤的部位之中。随着年龄的增长，软骨细胞的分裂能力是降低的，同时产生细胞基质的能力也是降低的。

第二节　胶原蛋白和骨骼生物学

一、胶原蛋白的结构与骨骼的机械性能

早在“肽与皮肤健康”一章中我们就介绍过，胶原蛋白由三条形成一种独特三螺旋结构的多肽链（α链）组成，如图9-3所示。

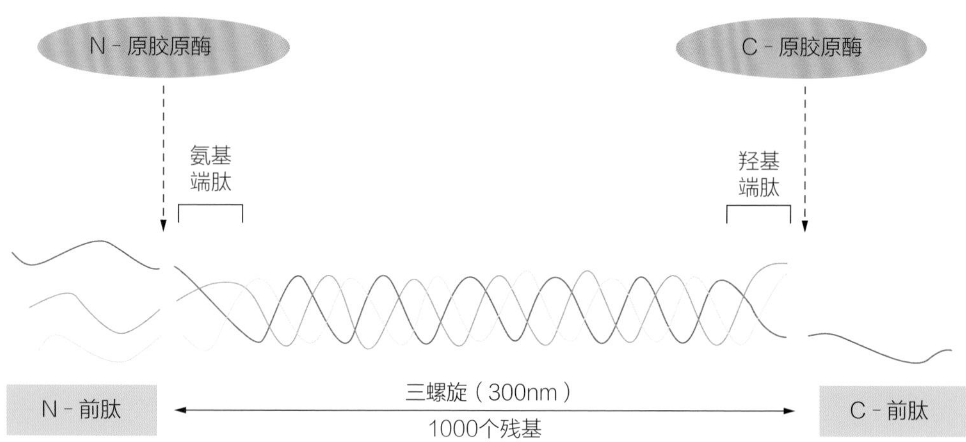

图9-3　胶原蛋白三螺旋结构

资料来源：Daneault A，et al。Critical Reviews in Food Science and Nutrition，2015，57（9）：1922-1937。

为了缠绕成三重螺旋，肽链的每三个氨基酸残基中必须含有一个甘氨酸，因此呈现重复结构Gly-X-Y，其中X和Y主要是脯氨酸（Pro）和羟脯氨酸（Hyp）。得到的Gly-Pro-Hyp三联体是最常见的（10.5%）。此外，氨基酸Lys、Gln和Arg显示了18个残基的周期性分布。胶原蛋白占全身蛋白质总量的30%，是哺乳动物中最丰富的蛋白质。它们是所有结缔组织细胞外基质中的主要结构成分，其中胶原蛋白在骨骼总蛋白质含量中约占80%。矿物质含量主要决定骨骼的刚度和硬度，胶原则提供骨骼的韧性。它们可形成支架用来附着细胞和锚定大分子，并限定组织的形状。骨骼中的胶原纤维以同心层排列，可提供对扭力和压力的最大抗力。在纤维中，胶原分子以四分之一的交错结构、末端重叠的方式精确排列，这种排列在纤维内提供用于钙磷灰石晶体成核的孔。

事实上，“胶原蛋白”这个术语包括一个庞大并且仍在壮大的蛋白质家族。它们都具有相同的特征：由α-链组成的右手三螺旋构成的末端有C-和N-前肽的绳状体。然而，如果一般胶原分子的长度为300nm（对应约1000个氨基酸）、直径为1.5nm，则三螺旋部分的长度在不同的胶原类型之间变化很大。胶原蛋白的种类及其在组织中的分布如表9-1所示。

表9-1 胶原蛋白的种类及其在组织中的分布

胶原类型	三股肽链组成	组织分布
I	$[\alpha_1(I)]_2\alpha_2(I)$	真皮、腱、骨、牙
	$[\alpha_1(I)]_3$	胎儿、发炎及肿瘤组织
II	$[\alpha_1(II)]_3$	透明软骨、玻璃体、胚胎角膜、神经视网膜
III	$[\alpha_1(III)]_3$	胚胎真皮、心血管、胃肠道、真皮、网状纤维
IV	$[\alpha_1(IV)]_3$	基膜极板、晶状体囊、血管
	$[\alpha_1(IV)]_2\alpha_2(IV)$	球基膜
	$[\alpha_2(IV)]_3$	—
V	$\alpha_1(V)[\alpha_2(IV)]_2$	胚胎绒毛膜、羊膜、肌、鞘、雪旺细胞
	$[\alpha_1(V)]_2\alpha_2(V)$	人烧伤后的颗粒组织
	$\alpha_1(V)\alpha_2(V)\alpha_3(V)$	培养肺泡上皮细胞分泌
VI	$\alpha_1(VI)\alpha_2(VI)\alpha_3(VI)$	人胎盘组织
VII	$[\alpha_1(VII)]_3$	人胚胎绒毛膜和羊膜、复层扁平上皮基膜和锚原纤维
VIII	$[\alpha_1(VIII)]_3$	—
IX	$\alpha_1(IX)\alpha_2(IX)\alpha_3(IX)$	鸡透明软骨、胚胎鸡角膜
X	$[\alpha_1(X)]_3$	软骨内成骨的软骨
XI	$\alpha_1(XI)\alpha_2(XI)\alpha_3(XI)$	透明软骨

续表

胶原类型	三股肽链组成	组织分布
XII	$[\alpha_1(XII)]_3$	—
XIII	$[\alpha_1(XIII)]_3$	量小、分布广
XIV	$[\alpha_1(XIV)]_3$	与纤丝相连的胶原
XV	$[\alpha_1(XV)]_3$	在成纤维细胞和平滑肌细胞的表达
XVI	$[\alpha_1(XVI)]_3$	
XVII	$[\alpha_1(XVII)]_3$	抗原、在真皮与表皮连接处表达
XVIII	$[\alpha_1(XVIII)]_3$	在高度血管化的组织中表达
XIX	$[\alpha_1(XIX)]_3$	人横纹肌肉瘤细胞
XX	$[\alpha_1(XX)]_3$	肌腱、胚胎及胸软骨
XXI	$[\alpha_1(XXI)]_3$	血管壁细胞
小胶原	$\alpha_1\alpha_2\alpha_3$	人软骨、鸡软骨

资料来源：陶宇。沙海蜇胶原蛋白肽对光老化小鼠皮肤的保护作用及体外透皮吸收研究［D］，中国海洋大学，2012。

在骨骼中，I 型胶原占了大约95%，它们提供黏弹性、扭转刚度和承载能力，同时还存在结晶沉积的成核位点。II 型胶原蛋白也参与骨形成，尽管它主要存在于软骨中。III 型、V 型、VI 型和X 型以非常低的含量水平存在于骨中。与 I 型不同，胶原 III 型原纤维较为无序、更薄，并且总是与其他种类的胶原蛋白结合。III 型和VI 型结合是成熟骨骼（如大鼠股骨近端）某些区域的特征。V 型胶原蛋白的功能没有明确定义。VI 型是一种微原纤维胶原蛋白，似乎排列在骨细胞及其小管周围的基质上。最后，根据Hjorten等的研究，在软骨钙化期间、成骨过程中软骨转化成骨骼的过渡期以及在软骨内骨形成期间的软骨塑造过程中发现了XXVII 型胶原。

二、胶原蛋白网络改变导致骨骼脆弱

通过上一部分的介绍可知，在骨骼内，胶原蛋白在力的传递与维持组织结构中起到了关键作用。重要的是，它决定了矿物质的沉积量。因此，骨骼抵抗机械力与骨折的能力不仅仅取决于骨组织的数量（矿化），而且还取决于其质量（胶原蛋白骨架的结构）。

在老化过程中，胶原网络的变化会降低骨骼的机械强度和弹性，从而导致骨质疏松性骨折的发生。对于女性绝经后的骨质疏松症，越来越多证据表明，在物质水平上，矿物质的体积分数以及成熟与未成熟胶原蛋白交联的相对量受组织更新速度的影响，因此导致了骨骼的脆性。事实上，已经证明雌激素缺乏会降低胶原蛋白的成熟率，进而影响胶原蛋白的稳定性。Luther等观察到卵巢切除术后胶原纤维的断裂情况。同样地，Kafantar等报道了在去卵巢大鼠中由于交联和羟基化的改变，原纤维架构以及直径发生了结构性变化。此外，在炎症介导的骨质疏松症中，在兔子的骨骼和皮肤胶原纤维的超微结构水平上可检测到剧烈的改变。

关于老化的机制，Knott等强调了胶原蛋白整体代谢的增加。这可能造成翻译后修饰受损，导致胶原网络严重的功能紊乱以及更加脆弱的骨基质，进而导致更纤细的原纤维和更高的骨脆性。另一种与年龄相关的胶原非酶促修饰是由于还原糖在骨组织中的积累，通过所谓的美拉德反应形成糖基化终产物。此外，在老化过程中发生的外消旋（L-型对映异构体自发转化为生物学上罕见的D-型）和异构化作用（将肽主链的天冬氨酰残基α-羧基转移到侧链β-或γ-羧基上），导致结构上发生改变的胶原分子的功能遭到破坏。

关于某些遗传病的知识进一步强调了胶原蛋白正确形成的重要性。一个甘氨酸残基被另一种氨基酸替换即可导致成骨不全症和Ehlers-Danlos综合征（即先天性结缔组织发育不全综合征）等病症，其特征为骨骼脆、肌腱弱和皮肤薄。Ehlers-Danlos综合征的亚型与Ⅰ型或Ⅲ型胶原蛋白、赖氨酰羟化酶或前胶原*N*-蛋白酶的突变有关。Ⅵ型胶原蛋白的缺乏会导致胶原蛋白无序排列，这表明Ⅵ型胶原有助于维持骨量。编码α1（Ⅰ）-链的COL1A1和编码α2（Ⅰ）-链的COL1A2所发生的突变与成骨不全（一类脆骨病）有关。此外，COL1A1基因Sp1结合位点的多态性可导致合成的胶原蛋白发生改变，这种变化后的胶原蛋白可能与骨强度和骨矿质密度的降低都有关系，因此被假定与骨质疏松症有关。总而言之，编码三螺旋骨胶原蛋白单链的基因和编码参与细胞内和细胞外分子修饰的蛋白质的基因，其发生的突变与骨骼组织的遗传病和骨骼畸形的发生有关。这些资料强调了胶原的数量和质量在骨骼重塑中的重要作用。

第三节 胶原蛋白的安全性与生物利用率

胶原蛋白衍生物，即明胶与水解胶原蛋白（Hydrolyzed Collagen），由于具有凝胶能力（凝胶形成、组织化、稠化及结合水的能力）、表面特性（乳液、泡沫的形成和稳定，附着力和内聚力，保护胶体的功能和成膜能力）及水合特性（膨胀性和溶解性），在食品、化妆品和医药行业或组织工程中得到广泛应用。在本书中使用的“水解明胶”“胶原蛋白水解物”“水解胶原蛋白”或“胶原蛋白肽”等术语都是指相同的产品。明胶是通过胶原蛋白的部分热水解破坏交联，从而使其（部分）解链而得到的，如图9-4所示。

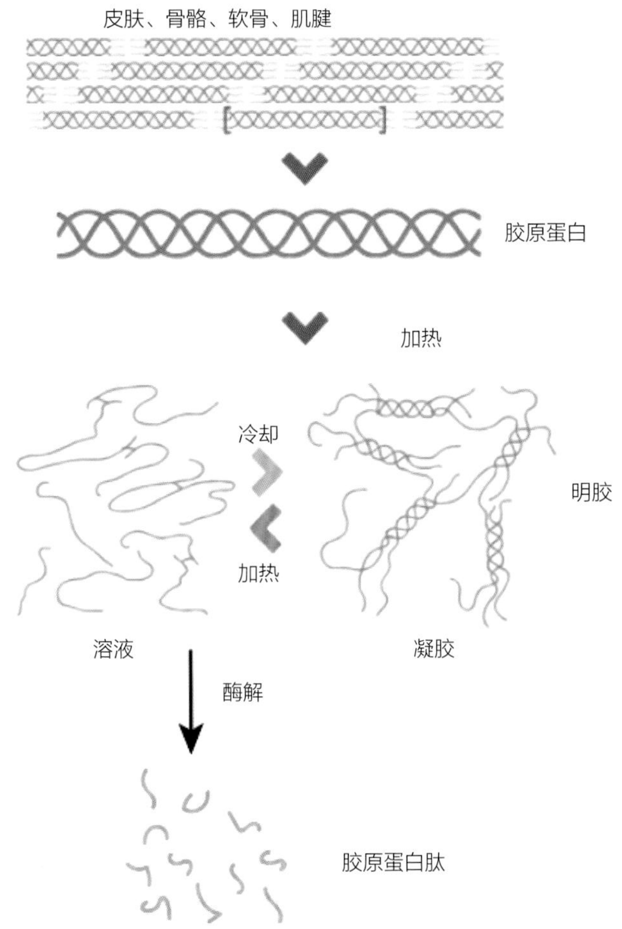

图9-4　明胶与水解胶原蛋白生产流程

资料来源：Daneault A，et al。Critical Reviews in Food Science and Nutrition，2015，57（9）：1922-1937。

提取过程（温度、时间和pH）可以影响多肽链的长度和明胶的功能特性，因此明胶制备的质量取决于制造方法，同时还取决于从哪个物种或组织中提取的。例如，鲨鱼明胶具有不同于猪明胶的特征。

为了形成胶原蛋白肽，需要将明胶用酶进行水解，最常用的蛋白酶为胰蛋白酶、胃蛋白酶、碱性蛋白酶、胶原蛋白酶、菠萝蛋白酶、木瓜蛋白酶、风味蛋白酶和中性蛋白酶等。胶原蛋白肽通常为具有良好溶解性的白色粉末，常用作膳食补充剂或应用于各种食品中。与明胶一样，胶原蛋白肽分子质量分布、结构和组成，以及随后的功能特性，均取决于加工条件、原材料以及用于水解明胶的酶的特异性。胶原蛋白肽的平均分子质量在2000~6000u之间。明胶或胶原蛋白肽最丰富的来源为哺乳动物，如猪皮（46%）、牛皮（29.4%）和牛骨（23.1%）。然而，由于牛海绵状脑病（Bovine Spongiform Encephalopathy，即疯牛病）危机的产生，以及一些宗教和文化的原因，人们对胶原蛋白肽替代来源的需求开始增加。因此，源于非哺乳动物（如鱼类）的产品变得日益重要。

一、安全性

明胶，以及胶原蛋白肽，已经被美国食品与药物管理局（FDA）食品安全和营养中心认可为“公认安全的”。事实上，除了罕见的过敏、令人不愉快的味道或胃部沉重感之外，没有被记录的证据能证明摄入胶原蛋白肽有毒害作用。在一项多中心、随机、平行、安慰剂对照的临床试验中，389名患者在6个月内口服10g胶原蛋白肽或安慰剂，仅有12名因副作用而退出，其中还有9名患者是服用安慰剂的。相比之下，对100名年龄在40岁及以上的男性和女性膝关节炎患者进行的多中心、随机、平行、双盲研究中发现，胶原蛋白肽具有良好的耐受性。连续90d每天服用10g胶原蛋白肽的志愿者与服用硫酸氨基葡萄糖的志愿者无明显差异。另外，研究者还在各种动物实验中评估了胶原蛋白肽的耐受性，急性、亚急性、致突变和致畸性毒性分析均未显示有任何健康风险。事实上，Takeda等研究了牛皮胶原蛋白的急性和亚急性毒性，除了仅在非肠道给药之后才见到的局部刺激之外，没有显示明显的有害作用。类似地，Wu等提到，大鼠模型每天口服1660mg/（kg · bw）（对应于目前在人身上使用剂量的约10倍）的胶原蛋白肽时，依然体现了高度的安全性。Schauss等还用鸡胸骨软骨（主要含II型胶原蛋白）的水解物对大鼠进行了两次急性和亚慢性口服毒性研究。单次剂量为5000mg/（kg · bw）时，所有动物都存活，没有任何严重的病理损伤，在整个研究中表现出正常的体重增加。至于亚慢性毒性，所有动物均存活，并且无论它们在90多天内每天服用的量是每千克体重0、30、300或1000mg的受试样品，在体重或组织病理学方面均没有显著变化。此外，在使用海产品胶原蛋白肽处理的大鼠中，当饮食中胶原蛋白肽浓度为2.25%、4.5%、9%和18%（质量分数）时［分别相当于每天雌鼠1063、2216、4609和8586mg/（kg · bw），雄鼠907、1798、3418、6688mg/（kg · bw）］，与那些饲喂基础啮齿动物饲料的大鼠相比，慢性毒作用的风险并没有更高。以上研究均通过体内实验证实了适量口服胶原蛋白肽的安全性。

二、生物利用率

口服的胶原蛋白肽在肠道中被消化，穿过肠屏障，进入循环后，可用于靶组织的代谢过程。尽管胶原蛋白肽不包含所有的必需氨基酸（不含色氨酸，且半胱氨酸含量很少），但由于其高消化率、良好的消费者耐受性和特殊的氨基酸含量（高羟脯氨酸、脯氨酸和甘氨酸），因此通常用于对其他蛋白质的补充。事实上，与其完整形式相比，摄入蛋白质水解产物加速了肠道的消化和吸收，增加了餐后氨基酸的生物利用度，并倾向于提高膳食氨基酸进入靶组织的速率。这个观点得到了Urao等的证实，他们发现兔子的肠道通透性对大、小分子质量颗粒的作用模式不同，表明不同大小的分子可能有不同的肠道转运机制。已经有人提出，胶原蛋白肽在胃肠道内仅仅被消化到一定程度，有一定比例的完整高分子蛋白质以约10%的水平通过肠上皮细胞（胞吞转运）到达血液（图9-5）。Oesser等（1999）证明，95%的口服胶原蛋白肽在6h内被小鼠的胃肠道吸收；口服仅1h后就已有47%被吸收。Iwai等的研究表明，在人体中，胶原蛋白肽的口服摄入能显著增加血液中Hyp型肽的浓度，并且在口服1～2h后达到最高值，4h后减少到最高水平的一半。

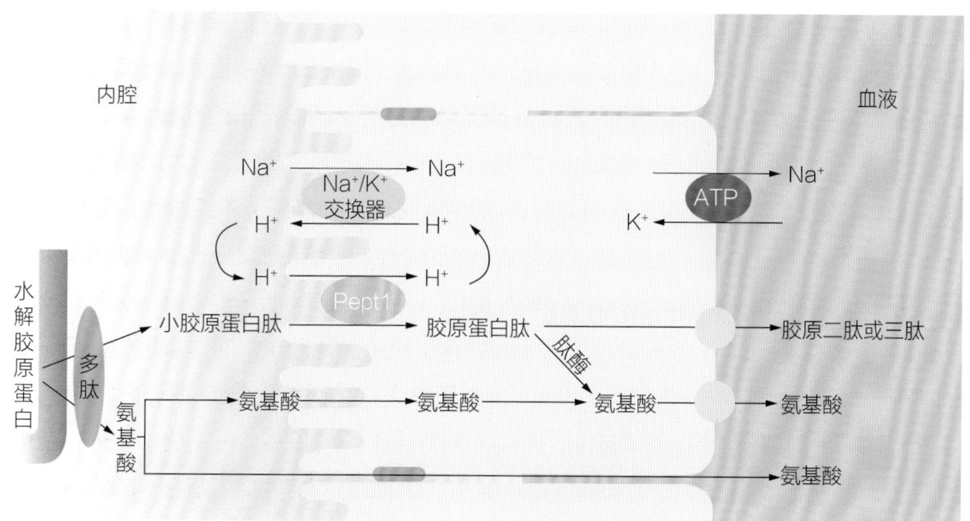

图9-5 胶原水解蛋白小肠吸收机制示意图

资料来源：Daneault A，et al。Critical Reviews in Food Science and Nutrition，2015，57（9）：1922-1937。

在啮齿动物和人类口服摄入胶原蛋白肽后，各种研究显示，胶原蛋白肽衍生的氨基酸以及二肽和三肽可以在血液及各种靶组织如软骨、皮肤或肾脏中被检测到。在血浆中发现的主要胶原衍生二肽是Pro-Hyp。与其他含Hyp的多肽类似，它对水解有很高的抗性，且不能被肽酶消化。此外，少量的其他二肽和三肽，如Ala-Hyp、Ala-Hyp-Gly、Leu-Hyp、Ile-Hyp、Phe-Hyp、Pro-Hyp-Gly和Gly-Pro-Hyp可以被检测到。另一种肽——Hyp-Gly，最近被发现存在于人摄入胶原后的血浆中。值得注意的是，这些肽的平均血浆浓度是剂量依赖性的：在摄入30.8、153.8和384.6mg的胶原蛋白肽之后，含Hyp的肽最大浓度分别达到了6.43、20.17和32.84nmol/mL。此外，口服胶原蛋白肽后，人体血液中这种含Hyp多肽的数量和结构也取决于其来源。例如，Ala-Hyp-Gly和Ser-Hyp-Gly仅在鱼鳞明胶水解产物中被检测到，Ala-Hyp和Pro-Hyp-Gly仅在鱼鳞或鱼皮明胶水解产物中被检测到，而Leu-Hyp、Ile-Hyp和Phe-Hyp则在摄入以鱼类和较低水平的猪皮为来源的胶原蛋白肽后出现。最后，胶原蛋白肽可以与食物基质发生协同效应，增加胶原蛋白肽的吸收（如当胶原蛋白肽添加在发酵乳中一同服用的时候）。

三、靶向发挥作用

事实上，经口摄入的水解胶原蛋白不仅能被肠道很好地吸收，而且能在靶组织中积累。Kawaguchi等用放射自显影法研究了大鼠口服[^{14}C] Pro-Hyp后体内的生物分布，他们在对大鼠给药30min后观察到放射性的广泛分布，24h后观察到在成骨细胞和破骨细胞以及真皮成纤维细胞、表皮细胞、滑膜细胞和软骨细胞中放射性的细胞摄取。另外，根据Watanabe等的报道，去卵巢大鼠骨骼中有机质含量的增加与吸收低分子质量的水解胶原蛋白有关。此外，Barbul已经表明，在伤口愈合的早期阶段，伤口渗出液中的脯氨酸水平比血浆水平高出至少50%，这表明脯氨酸可主动进入伤口。

第四节 蛋白肽对骨骼的保护作用

一、蛋白肽对软骨的保护作用

许多报道证明了从胶原蛋白水解物中获得的各种多肽具有生物活性。例如，Asp-Gly-Glu-Ala四肽能够调节骨髓中成骨细胞相关基因的表达。此外，实验显示Pro-Hyp二肽参与了血小板聚集。相应地，含有胶原蛋白肽的水凝胶已被应用于再生医学中，作为软骨样细胞外基质的支架，用于有效、持续地修复关节软骨。这些发现表明，某些代谢物多肽在一些组织中可作为生物活性肽和功能分子，且胶原蛋白水解物中含有影响软骨稳态的生物活性肽。

基于以上研究成果，Nakatani等通过研究Pro-Hyp二肽在体内和体外条件下对软骨细胞的直接作用，来探究胶原蛋白水解物及其特异性二肽Pro-Hyp对小鼠原发退行性关节软骨的保护作用。实验解剖了经过处理的C57BL/6J小鼠得到关节软骨切片，并对其进行显微镜检查，研究摄入胶原蛋白水解物和Pro-Hyp二肽对关节软骨的体内作用。在这项研究里，饮食中含有过量磷的小鼠被作为体内模型，因为这种小鼠具有软骨细胞损失、关节软骨厚度降低以及软骨下骨异常等特征。实验通过测定二甲基噻唑二苯基四唑溴盐（MTT）活性以及用碱性磷酸酶、阿尔新蓝和茜素红染色，来测定胶原蛋白水解物、Pro-Hyp二肽、氨基酸和其他多肽对软骨细胞增殖、分化、黏多糖含量和矿化的体外作用；通过半定量逆转录聚合酶链式反应（RT-PCR）测定特异性软骨形成基因在ATDC5细胞中的表达。

如图9-6所示，在体内，胶原蛋白水解物和Pro-Hyp二肽能够抑制软骨细胞的损失以及磷诱导的降解引起的关节软骨层变薄。在体外研究中，胶原蛋白水解物和Pro-Hyp二肽不影响软骨细胞增殖，但能抑制其分化为矿化软骨细胞。氨基酸如脯氨酸（Pro）、羟脯氨酸（Hyp）和脯氨酰羟脯氨酰甘氨酸（Pro-Hyp-Gly）的组合对软骨细胞增殖或分化没有影响。此外，胶原蛋白水解物和Pro-Hyp二肽分别使ATDC5细胞外基质中的黏多糖染色区域增加了两倍和三倍。RT-PCR表明Pro-Hyp二肽使聚集蛋白聚糖的mRNA水平增加了约两倍，同时使Runx1和骨钙素的mRNA水平分别降低了2/3和1/10。Pro-Hyp二肽是第一种被证实在病理条件下能够影响软骨细胞分化的可食性胶原蛋白水解肽。

二、蛋白肽对关节疼痛的治疗作用

在一些临床试验中，具有生物活性的胶原蛋白肽（Bioactive Collagen Peptides）补充剂能够改善骨关节炎患者的疼痛感和灵活性。这种效果归功于多肽极好的生物利用度，以及它们对细胞外基质合成的刺激作用。但是到目前为止，仍然缺少活性胶原蛋白肽在二级预防手段中所起作用的临床数据。为此，Oesser等（2016）进行了两项前瞻性、随机性、安慰剂对照、多中心的第三期临床试验，以评估摄入活性胶原肽对未诊断出关节疾病的受试者的活动相关性或功能性关节疼痛的疗效。

第一项研究中有160名平均年龄为24岁、患有活动性膝关节疼痛（>20mm VAS）

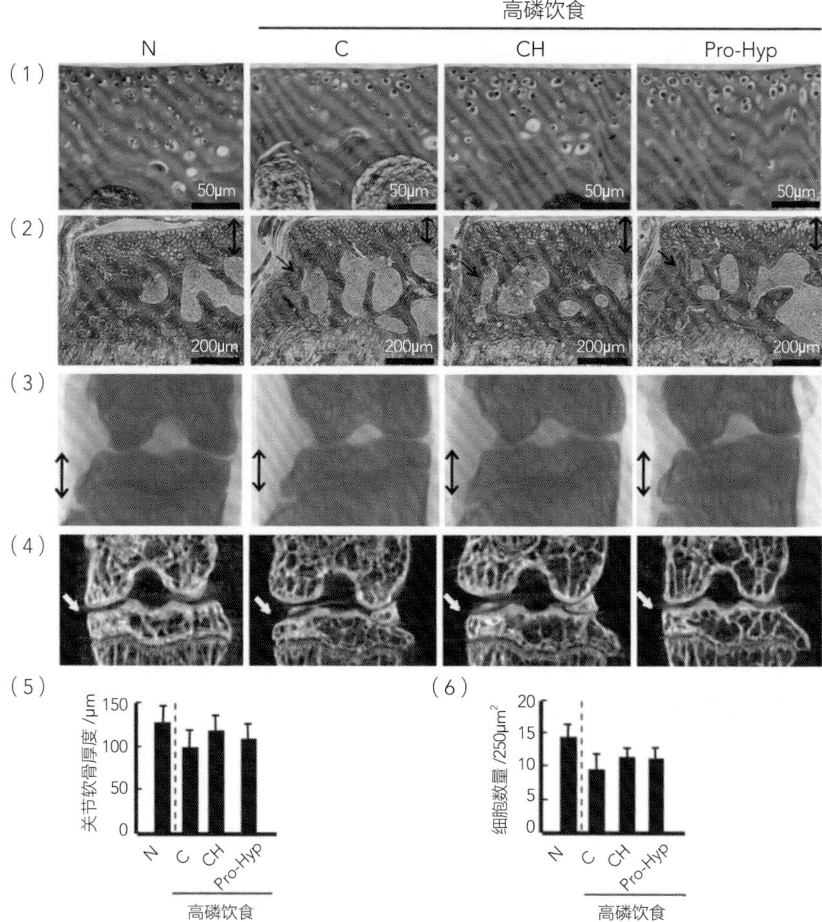

图9-6　胶原蛋白水解肽和Pro-Hyp肽能改善患有磷诱导性软骨退化的雄性C57BL/6J小鼠的膝关节退化

（1）膝胫骨关节软骨组织切片的高倍放大（×400）照片；（2）膝胫骨关节软骨组织切片的全图（×200）；（3）由显微CT分析形成的软骨下骨图像；（4）根据CT分析软件选定的密度窗口所重建的虚拟骨骼横断面；（5）柱状图表现的是关节软骨的厚度，且关节软骨厚度是从每只老鼠固定的五个位置上测量得到的；（6）柱状图显示了关节软骨切片上的软骨细胞数量，且软骨细胞数量是从每只老鼠固定的四个位置测量而得的

注：N、C、CH和Pro-Hyp表示分别以正常饮食、1.5%磷和5%谷蛋白作为对照饮食、1.5%磷和5%来源于猪皮的胶原蛋白水解物、1.5%磷和0.3% Pro-Hyp二肽饲喂的小鼠。

资料来源：Nakatani S，et al。Osteoarthritis & Cartilage，2009，17（12）：1620-1627。

的男性/女性运动员参与。在12周的研究期间，参与者每天摄入5g活性胶原肽（德国FORTIGEL®GELITA AG）或安慰剂。研究中主要指标为活动期间疼痛强度的变化，由参与研究者和主治医师使用视觉模拟评分法（Visual Analogue Scale/Score，VAS）来评估。该法比较灵敏，有可比性，即在纸上划一条100mm的横线，横线的一端为0，表示无痛；另一端为100，表示剧痛；中间部分表示不同程度的疼痛。此外，将“静止时疼痛”“膝关节活动度变化”“额外治疗（理疗，冰袋等）的使用”这些方面的变化作为是次要指标。

在第二项研究中，有182名平均年龄为50岁、患有功能性膝关节或髋关节疼痛（＞3NRS）的男性和女性参与其中。对老年人研究的主要指标是行走时的关节疼痛以及静止时疼痛的改变，由医师以1～10的数字分级法（Numerical Rating Scale，NRS）进行评估。研究的次要指标是由主治医师评估的“受到标准物理应力之后的疼痛”，参与者还使用NRS法评估了几个有关关节不适和关节僵硬的问题。

结果在两项研究中，与安慰剂相比，用生物活性肽治疗后，所有主要指标呈现统计学上的显著改善（$p<0.05$）。在运动员研究中，活动相关的膝关节疼痛在统计学上显著降低了37.5%（参与者的评估）和33.8%（医生的评估）。但是如预期的那样，有大约25%的疼痛改善为明显的安慰剂效应。实验的次要指标证实了生物活性肽治疗的积极影响，尽管不是所有结果都达到统计学显著的水平。在患有功能性膝关节和髋关节疼痛的受试者参与的实验中，对于“行走时疼痛”和“静止时疼痛”两个主要指标的数据评估显示，在接受了超过12周、每天5g生物活性肽的治疗后，活动相关疼痛改善了38%，“静止时疼痛”改善了39%。尽管实验中安慰剂效应明显（25.6%的活动相关疼痛改善、18.6%的“静止时疼痛”属于安慰剂效应），但与安慰剂组相比较之后可以看到，生物活性肽组在两个主要指标上的有效性都更加显著（$p<0.05$）。

对研究的次要指标进行详细分析后显示，对于15个被测参数中的12个而言，与安慰剂相比，摄入生物活性肽后关节疼痛、关节僵硬和运动受限的改善更加显著。特别是对于“受到标准物理应力之后的疼痛”“蹲下时的疼痛和活动受限”及“行走时的疼痛”，与安慰剂相比，补充12周生物活性肽后出现了统计学上的显著改善（$p<0.05$）。

从实验结果可知，两个随机对照实验都清楚地证明了，每天摄入5g特定的生物活性胶原肽有益于患有活动相关或功能性关节不适的受试者减轻疼痛。数据表明，长期摄入活性胶原肽对于关节承压及面临一定发展为退行性关节病风险的人群是有良好效果的。因此，补充活性胶原肽或许可以作为功能性关节疼痛二级预防手段的一种选择。

三、蛋白肽对骨关节炎的治疗作用

已经证实，口服摄入的胶原蛋白肽在肠道中消化后，二肽和三肽［特别是脯氨酰羟脯氨酸（Pro-Hyp）］以及氨基酸会在人体的外周血中积累，并且这些肽会在血液中留存相对较长的时间（3～4h）。Pro-Hyp被认为是一种生物活性物质，因为它在培养的滑膜细胞中能诱导透明质酸合成，并且抑制与骨关节炎发病机制相关的软骨细胞肥大分化。关于这一点，值得注意的是，许多研究表明口服摄入的胶原蛋白肽减轻了骨关节炎患者的症状，因此，胶原蛋白肽有望成为一种可用于治疗骨关节炎的功能食品。

Isaka等对实验性骨关节炎大鼠模型进行了研究，通过评估生物标志物（对应Ⅱ型胶原蛋白降解的CTX-Ⅱ，以及对应Ⅱ型胶原蛋白合成的CPⅡ）的血清水平、组织病理学变化（用Mankin评分来评价）和基质金属蛋白酶（MMP-13）及Ⅱ型胶原的免疫组化染色，探究胶原蛋白肽对关节软骨的影响。实验中，对大鼠的右膝关节进行前十字韧带横切（ACLT），以手术诱导形成骨关节炎。将所有动物分为四个组：对照组（Control）、假手术组（Sham）、不摄入胶原肽的前十字韧带横切组（ACLT组）和口服胶原蛋白肽的前十字韧带横切组（CP组）。前十字韧带横切引起了组织学损伤，并且使Mankin评分显著升高（$p<0.05$）；但胶原蛋白肽明显抑制了Mankin评分，尽管这种差异并不显著，如图9-7所示。

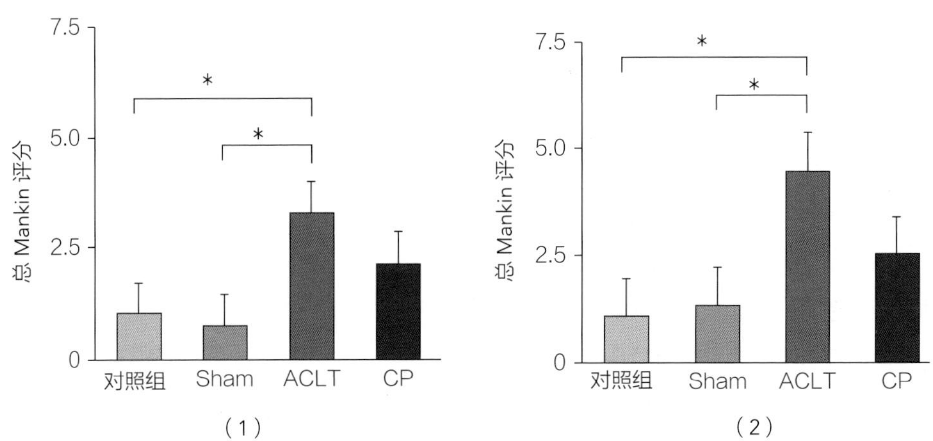

图9-7 在大鼠骨关节炎模型中使用改进的Mankin评分系统对骨关节炎损伤严重程度的评级

Sham——假手术组；ACLT——前十字韧带横切组；CP——口服胶原蛋白肽的前十字韧带横切组

注：*将ACLT组与对照组，或ACLT组与Sham组的数值进行比较，$p<0.05$。

使用改进的Mankin评分系统，对（1）股骨踝和（2）胫骨平台的骨关节炎损伤严重程度在0～13的范围内评分。数据表示每个组（对照组、假手术组、前十字韧带横切组、口服胶原蛋白肽的前十字韧带横切组）7只老鼠的均值±标准偏差。

资料来源：Isaka S，et al。Experimental & Therapeutic Medicine，2017，13（6）：2699-2706。

此外，CP组血清CTX-Ⅱ水平相比于ACLT组明显降低（$p<0.05$），这说明CP组的Ⅱ型胶原蛋白降解量较少。相反，血清CPⅡ水平在四组间并没有显著差异。此外，Ⅱ型胶原和MMP-13（一种重要的Ⅱ型胶原蛋白降解酶）的免疫组化染色显示，与ACLT组相比，CP组中Ⅱ型胶原蛋白的量有所增加，而MMP-13阳性软骨细胞数量在减少。这些观察结果表明，胶原蛋白肽具有通过抑制MMP-13表达和Ⅱ型胶原退化，对骨关节炎发挥软骨保护作用的潜力。

四、蛋白肽对软骨损伤的保护作用

软骨损伤（Osteochondral Lesions）无论对专业还是业余运动员来说，都是一个值得注意的问题。缺乏治疗或治疗不充分可能会使得症状加重，并贻误功能完全恢复的时机。综合治疗是应对软骨损伤的主流方法，包括物理疗法、有氧和无氧运动的体能恢复训练，以及最近兴起的补充胶原蛋白水解物的方法。

Gonçalves报道了三例被诊断为软骨损伤的运动员病例，其中两名是业余运动员，另一名为专业人士，他们从事可能引发软骨损伤的一系列体育活动（如室内足球、跑步、网球和帆船运动等）。在对其进行综合治疗（包括服用营养补充剂Fortigel®，一种特殊的包含活性胶原蛋白肽的胶原蛋白水解物）后进行了核磁共振成像（MRI）扫描。MRI图像显示，这些在研究中被评估的患者经过治疗后，关节表面均有所恢复。同样地，对出现关节疼痛但没有被诊断为骨关节炎或其他关节疾病的运动员所进行的研究也证明了摄入胶原蛋白肽的有益作用。

五、蛋白肽对膝关节不适的保护作用

在相关研究的基础上，胶原蛋白肽对膝关节的保护作用逐渐引起人们的关注。例如，Zdzieblik等通过实验评估了特定胶原蛋白肽对患有功能性膝盖问题的运动员在运动时出现的疼痛所起到的减缓作用。

参与实验的139名患有功能性膝关节疼痛的运动员连续12周每天服用5g活性胶原蛋白肽（BCP）或安慰剂，再由受试者和主治医师使用视觉模拟评分法（VAS）评估活动期间疼痛程度的变化。另外，静止状态下的疼痛程度、关节活动度以及额外治疗方法的使用情况都作为评估对象。

结果如图9-8所示，与安慰剂组相比，服用胶原蛋白肽的治疗组与活动相关的疼痛程度有了统计学上的显著改善（$p<0.05$）；参与者自我评估的结果由医生的评估进一步证实，如图9-9所示。另外，其静息状态下的疼痛也得到了改善，但与安慰剂组相比无显著性差异。在关节活动度上没有发生显著变化，但在活性胶原蛋白肽摄入后，额外治疗方法的使用有了明显减少。该研究表明，具有功能性膝关节问题的人群补充特定的胶原蛋白肽，可以在统计学水平上显著改善活动相关的关节疼痛。

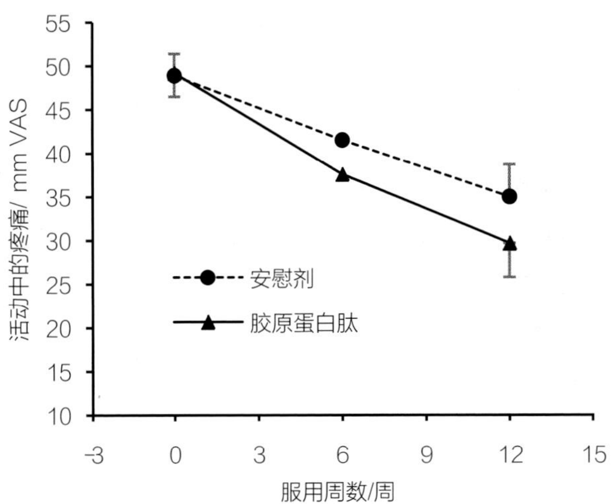

图9-8 参与研究者所评估的活动期间的疼痛变化

注：数据以$n=68$（BCP组）和$n=71$（安慰剂组）的平均值±*SEM*表示。

资料来源：Zdzieblik D，et al。Applied Physiology，Nutrition，and Metabolism，2017，42(6)：588-595。

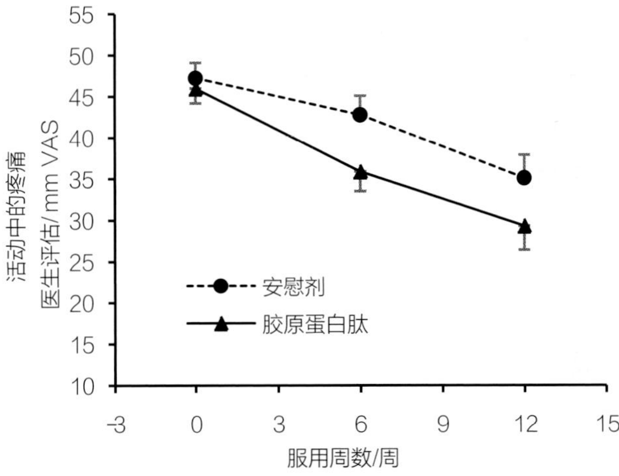

图9-9 参与的医生所评估的活动期间的疼痛变化

注：数据以$n=68$（BCP组）和$n=71$（安慰剂组）的平均值±*SEM*表示。

资料来源：Zdzieblik D，et al。Applied Physiology，Nutrition，and Metabolism，2017，42(6)：588-595。

第五节 蛋白肽改善骨骼健康的发展现状与前景展望

一、蛋白肽改善骨骼健康的发展现状

在过去的几十年里，许多专家学者围绕蛋白肽和骨组织工程展开了相关研究并取得了显著成果。大量的蛋白肽已被证实能够刺激和促进骨骼愈合反应，并被建议应用于临床治疗中。在胶原蛋白肽方面，随着研究的深入，越来越多的证据表明胶原蛋白水解物具有对骨骼组织有益的生物活性特征，其中包括对骨骼的保护作用、对钙吸收的促进作用、抗炎以及抗氧化的能力。这些特性使得胶原蛋白多肽可以成为一种以饮食干预应对骨骼疾病的创新性选择。

二、蛋白肽改善骨骼健康的发展趋势

当今世界范围内寿命的延长使得骨质疏松症日益流行，因此良好的膳食预防方案显得尤为重要。目前大量的体外和动物实验均证实了蛋白肽对骨骼健康的有利作用，但在临床应用中的研究还较为缺乏；与此同时，蛋白肽在骨保留作用中参与的信号通路还有待进一步研究。就胶原蛋白肽对骨骼健康的作用方面，现阶段仍有许多问题亟待解答：胶原蛋白多肽的最佳形式是什么、其使用的最佳剂量是多少等。目前科学家已经开始着手研究这些问题。我们有理由相信，在不远的将来，蛋白多肽将在骨骼疾病的预防与治疗中发挥更为广泛和积极的作用。

参考文献

[1] 陶宇. 沙海蜇胶原蛋白肽对光老化小鼠皮肤的保护作用及体外透皮吸收研究［D］. 青岛：中国海洋大学，2012.

[2] 王永成，袁雪凌，汪爱媛，等. 膝关节骨软骨损伤的治疗策略［J］. 中国修复重建外科杂志，2014（1）：113-118.

[3] Aito-Inoue M, Lackeyram D, Fan M Z, et al. Transport of a tripeptide, Gly-Pro-Hyp, across the porcine intestinal brush-border membrane[J]. Journal of Peptide Science, 2010, 13(7): 468-474.

[4] Álvarez J, Balbín M, Santos F, et al. Different bone growth rates are associated with changes in the expression pattern of types II and X collagens and collagenase 3 in proximal growth plates of the rat tibia [J]. Journal of Bone & Mineral Research, 2010, 15(1): 82-94.

[5] Arnold W V, Fertala A. Skeletal diseases caused by mutations that affect collagen structure and function [J]. International Journal of Biochemistry and Cell Biology, 2013, 45(8): 1556-1567.

[6] Aszodi A. Collagen II is essential for the removal of the notochord and the formation of intervertebral discs[J]. Journal of Cell Biology, 1998, 143(5): 1399-1412.

[7] Bailey A J. Molecular mechanisms of ageing in connective tissues [J]. Mechanisms of Ageing & Development, 2001, 122(7): 735-755.

[8] Coxam V, Davicco M J. Nutrition et métabolisme osseux [J]. Annales Dendocrinologie, 2006, 67(2): 131-137.

[9] Currey J D. Role of collagen and other organics in the mechanical properties of bone [J]. Osteoporosis International, 2003, 14 (5 Supplementll): 29-36.

[10] Daneault A, Véronique Coxam, Wittrant Y. Biological effect of hydrolyzed collagen on bone metabolism [J]. Critical Reviews in Food Science and Nutrition, 2015, 57(9): 1922-1937.

[11] Denis A, Brambati N, Dessauvages B, et al. Molecular weight determination of hydrolyzed collagens [J]. Food Hydrocolloids, 2008, 22(6): 989-994.

[12] Exposito J Y, Valcourt U, Cluzel C, et al. The fibrillar collagen family [J]. International Journal of Molecular Sciences, 2010, 11(2): 407-426.

[13] Fountos G., Kounadi E., Tzaphlidou M, et al. The effects of inflammation-mediated osteoporosis (IMO) on the skeletal Ca/P ratio and on the structure of rabbit bone and skin collegen [J]. Applied Radiation and Isotopes, 1998, 49(5): 657-659.

[14] Gautieri A, Buehler M J, Redaelli A. Deformation rate controls elasticity and unfolding pathway of single tropocollagen molecules [J]. Journal of the Mechanical Behavior of Biomedical Materials, 2009, 2(2): 130-137.

[15] Gelse K, Pöschl E, Aigner T. Collagens-structure, function, and biosynthesis [J]. Advanced Drug Delivery Reviews, 2003, 55(12): 1531-1546.

[16] Gómez-Guillén M C, Giménez B, López-Caballero M E, et al. Functional and bioactive properties of collagen and gelatin from alternative sources: A review [J]. Food Hydrocolloids, 2011, 25(8): 1813-1827.

[17] Gonçalves F K. Impact of collagen hydrolysate in middle-aged athletes with knee and ankle osteochondral lesions: A case series [J]. International Journal of Case Reports and Images, 2017, 8(6): 364-369.

[18] Hjorten R, Hansen U, Underwood R A, et al. Type XXVII collagen at the transition of cartilage to bone during skeletogenesis[J]. Bone, 2007, 41(4): 535-542.

[19] Ichikawa S, Morifuji M, Ohara H, et al. Hydroxyproline-containing dipeptides and tripeptides quantified at high concentration in human blood after oral administration

of gelatin hydrolysate [J]. International Journal of Food Sciences & Nutrition, 2010, 61(1): 52-60.

[20] Isaka S, Someya A, Nakamura S, et al. Evaluation of the effect of oral administration of collagen peptides on an experimental rat osteoarthritis model [J]. Experimental & Therapeutic Medicine, 2017, 13(6): 2699-2706.

[21] Iwai, K., Hasegawa, T., Taguchi, Y., et al. Identification of food-derived collagen peptides in human blood after oral ingestion of gelatin hydrolysates [J]. Journal of Agricultural and Food Chemistry, 2005, 53(16), 6531-6536.

[22] Izu Y, Ezura Y, Mizoguchi F, et al. Type VI collagen deficiency induces osteopenia with distortion of osteoblastic cell morphology [J]. Tissue & Cell, 2012, 44(1): 1-6.

[23] Kafantari H, Kounadi E, Fatouros M, et al. Structural alterations in rat skin and bone collagen fibrils induced by ovariectomy[J]. Bone, 2000, 26(4): 349-353.

[24] Kahai S, Vary C P, Gao Y, et al. Collagen, type V, alpha1 (COL5A1) is regulated by TGF-beta in osteoblasts.[J]. Matrix Biology, 2004, 23(7): 445-455.

[25] Kanis J A. Assessment of fracture risk and its application to screening for postmenopausal osteoporosis: Synopsis of a WHO report [M]. World Health Organization, 1994: 368.

[26] Karim A A, Rajeev B. Gelatin alternatives for the food industry: recent developments, challenges and prospects [J]. Trends in Food Science & Technology, 2008, 19(12): 644-656.

[27] Kawaguchi T, Nanbu P N, Kurokawa M. Distribution of prolylhydroxyproline and its metabolites after oral administration in rats [J]. Biological & Pharmaceutical Bulletin, 2012, 35(3): 422-427.

[28] Keene D R, Sakai L Y, Burgeson R E. Human bone contains type III collagen, type VI collagen, and fibrillin: type III collagen is present on specific fibers that may mediate attachment of tendons, ligaments, and periosteum to calcified bone cortex[J]. Journal of Histochemistry & Cytochemistry Official Journal of the Histochemistry Society, 1990, 39(1): 59-69.

[29] Knott L, Bailey A J. Collagen cross-links in mineralizing tissues: a review of their chemistry, function, and clinical relevance [J]. Bone, 1998, 22(3): 181-187.

[30] Koopman R, Crombach N, Gijsen A P, et al. Ingestion of a protein hydrolysate is accompanied by an accelerated in vivo digestion and absorption rate when compared with its intact protein [J]. American Journal of Clinical Nutrition, 2009, 90(1): 106-15.

[31] Liang J, Pei X R, Zhang Z F, et al. A chronic oral toxicity study of marine collagen peptides preparation from chum salmon (*Oncorhynchus keta*) skin using sprague-dawley rat [J]. Marine Drugs, 2011, 10(1): 20-34.

[32] Mann V, Hobson E E, Li B, et al. A COL1A1 Sp1 binding site polymorphism predisposes to osteoporotic fracture by affecting bone density and quality [J]. Journal of Clinical Investigation, 2001, 107(7): 899-907.

[33] Moskowitz R. Role of collagen hydrolysate in bone and joint disease [J]. Seminars in Arthritis & Rheumatism, 2000, 30(2): 87-99.

[34] Nagai T, Suzuki N. Isolation of collagen from fish waste material--skin, bone and fins [J]. Food Chemistry, 2000, 68(3): 277-281.

[35] Nakatani S, Mano H, Sampei C, et al. Chondroprotective effect of the bioactive peptide prolyl-hydroxyproline in mouse articular cartilage in vitro and in vivo [J]. Osteoarthritis & Cartilage, 2009, 17(12): 1620-1627.

[36] NIH Consensus Development Panel on Osteoporosis Prevention, Diagnosis, and Therapy. Osteoporosis prevention, diagnosis, and therapy [J]. Nih Consens Statement, 2000, 17(1): 1.

[37] Niyibizi C, Eyre D R. Structural characteristics of cross-linking sites in type V collagen of bone. Chain specificities and heterotypic links to type I collagen [J]. Febs Journal, 2010, 224(3): 943-950.

[38] Oesser S, Adam M W, Seifert J. Oral administration of ^{14}C labeled gelatin hydrolysate leads to an accumulation of radioactivity in cartilage of mice (C57/BL) [J]. Journal of Nutrition, 1999, 129(10): 1891-1895.

[39] Oesser S, Schulze C H, Zdzieblik D, et al. Efficacy of specific bioactive collagen peptides in the treatment of joint pain [J]. Osteoarthritis & Cartilage, 2016, 24(1):S189.

[40] Ohara H, Matsumoto H, Ito K, et al. Comparison of quantity and structures of hydroxyproline-containing peptides in human blood after oral ingestion of gelatin hydrolysates from different sources.[J]. Journal of Agricultural and Food Chemistry, 2007, 55(4): 1532-1535.

[41] Ottani V, Martini D, Franchi M, et al. Hierarchical structures in fibrillar collagens [J]. Micron, 2002, 33(7): 587-596.

[42] Ramshaw J A, Shah N K, Brodsky B. Gly-X-Y tripeptide frequencies in collagen: a context for host–guest triple-helical peptides [J]. Journal of Structural Biology, 1998, 122(1-2): 86-91.

[43] Rosati R, Horan G S B, Pinero G J, et al. Normal long bone growth and development in type X collagen-null mice [J]. Nature Genetics, 1994, 8(5): 129-135.

[44] Saino H, Luther F, Carter D H, et al. Evidence for an extensive collagen type III proximal domain in the rat femur: II. Expansion with exercise [J]. Bone, 2003, 32(6): 660-668.

[45] Sanada H., Shikata J, et al. Changes in collagen cross-linking and lysyl oxidase by estrogen[J]. Biochimica et Biophysica Acta (BBA)-General Subjects, 1978, 541(3): 408-413.

[46] Sarbon, Mhd N, Badii, et al. Preparation and characterisation of chicken skin gelatin as an alternative to mammalian gelatin [J]. Food Hydrocolloids, 2013, 30(1): 143-151.

[47] Schauss A G, Merkel D J, Glaza S M, et al. Acute and subchronic oral toxicity studies in rats of a hydrolyzed chicken sternal cartilage preparation [J]. Food & Chemical Toxicology, 2007, 45(2): 315-321.

[48] Shigemura Y, Kubomura D, Sato Y, et al. Dose-dependent changes in the levels of free and peptide forms of hydroxyproline in human plasma after collagen hydrolysate ingestion [J]. Food Chemistry, 2014, 159(159): 328-332.

[49] Shoulders M D, Raines R T. Collagen structure and stability [J]. Annual Review of Biochemistry, 2010, 78(78): 929-958.

[50] Singh P, Benjakul S, Maqsood S, et al. Isolation and characterisation of collagen extracted from the skin of striped catfish (*Pangasianodon hypophthalmus*)[J]. Food Chemistry, 2011, 124(1): 97-105.

[51] Sugihara F, Inoue N, Kuwamori M, et al. Quantification of hydroxyprolyl-glycine (Hyp-Gly) in human blood after ingestion of collagen hydrolysate [J]. Journal of Bioscience & Bioengineering, 2012, 113(2): 202-203.

[52] Sylvie R B. The collagen family [J]. Cold Spring Harbor Perspectives in Biology, 2011, 3(1): a004978.

[53] Takeda U, Odaki M, Yokota M, et al. Acute and subacute toxicity studies on collagen wound dressing (CAS) in mice and rats [J]. Journal of Toxicological Sciences, 1982, 7 Supplementll 2: 63-91.

[54] Trč T, Bohmová J. Efficacy and tolerance of enzymatic hydrolysed collagen (EHC) vs. glucosamine sulphate (GS) in the treatment of knee osteoarthritis (KOA) [J]. International Orthopaedics, 2011, 35(3): 341-348.

[55] Tzaphlidou M. The role of collagen in bone structure: an image processing approach [J]. Micron, 2005, 36(7): 593-601.

[56] Urao M, Okuyama H, Drongowski R A, et al. Intestinal permeability to small- and large-molecular-weight substances in the newborn rabbit.[J]. Journal of Pediatric Surgery, 1997, 32(10): 1424.

[57] Viguet-Carrin S, Garnero P, Delmas P D. The role of collagen in bone strength [J]. Osteoporosis International, 2006, 17(3): 319-336.

[58] Walrand S, Chiotelli E, Noirt F, et al. Consumption of a functional fermented milk containing collagen hydrolysate improves the concentration of collagen-specific amino acids in plasma [J]. Journal of Agricultural & Food Chemistry, 2008, 56(17): 7790-7795.

[59] Wang X, Shen X, Li X, et al. Age-related changes in the collagen network and toughness of bone [J]. Bone, 2002, 31(1): 1-7.

[60] Watanabe-Kamiyama M, Shimizu M, Kamiyama S, et al. Absorption and effectiveness of orally administered low molecular weight collagen hydrolysate in rats [J]. Journal of Agricultural and Food Chemistry, 2010, 58(2): 835-841.

[61] Wu J, Fujioka M, Sugimoto K, et al. Assessment of effectiveness of oral administration of collagen peptide on bone metabolism in growing and mature rats

[J]. Journal of Bone & Mineral Metabolism, 2004, 22(6): 547-553.

[62] Yasutaka S, Saeko A, Eriko K, et al. Identification of a novel food-derived collagen peptide, hydroxyprolyl-glycine, in human peripheral blood by pre-column derivatisation with phenyl isothiocyanate [J]. Food Chemistry, 2011, 129(3): 1019-1024.

[63] Yeowell H N, Pinnell S R. The Ehlers-Danlos syndromes [J]. Semin Dermatol, 1993, 12(3), 229-240.

[64] Yoshimura K, Terashima M, Hozan D, et al. Physical properties of shark gelatin compared with pig gelatin [J]. Journal of Agricultural & Food Chemistry, 2000, 48(6): 2023-2027.

[65] Zdzieblik D, Oesser S, Gollhofer A, et al. Improvement of activity-related knee joint discomfort following supplementation of specific collagen peptides [J]. Applied Physiology, Nutrition, and Metabolism, 2017, 42(6): 588-595.

[66] Zeng S, Yin J, Yang S, et al. Structure and characteristics of acid and pepsin-solubilized collagens from the skin of cobia (*Rachycentron canadum*)[J]. Food Chemistry, 2012, 135(3): 1975-1984.

附录

食品安全国家标准　胶原蛋白肽

（GB 31645—2018）

1．范围

本标准适用于食品加工用途的胶原蛋白肽产品。

2．术语和定义

2.1　胶原蛋白肽

以富含胶原蛋白的新鲜动物组织（包括皮、骨、筋、腱、鳞等）为原料，经过提取、水解、精制生产的，相对分子质量低于10000的产品。

3．技术要求

3.1　原料要求

3.1.1　可以使用的原料:

a）屠宰场、肉联厂、罐头厂、菜市场等提供的经检疫合格的新鲜牛、猪、羊和鱼等动物的皮、骨、筋、腱和鳞等;

b）制革鞣制工艺前，剪切下的带毛边皮或剖下的内层皮;

c）骨粒加工厂加工的清洁骨粒和自然风干的骨料;

d）可食水生动物鱼鳔、可食棘皮动物、水母等。

3.1.2　禁止使用的原料:

a）制革厂鞣制后的任何废料;

b）无检验检疫合格证明的牛、猪、羊或鱼等动物的皮、骨、筋、腱和鳞等;

c）经有害物处理过或使用苯等有机溶剂进行脱脂的动物的皮、骨、筋、腱和鳞等。

3.2 感官要求

感官要求应符合表1的规定。

表1 感官要求

项目	要求	检验方法
色泽	白色或淡黄色	取2g试样置于洁净的烧杯中，用200mL温开水配制成1%溶液，在自然光下观察色泽和有无沉淀。闻其气味，用温开水漱口，品其滋味
滋味、气味	具有产品应有的滋味和气味，无异味	
状态	粉末状或颗粒状，无结块，无正常视力可见的外来异物	

3.3 理化指标

理化指标应符合表2的规定。

表2 理化指标

项目		指标	检验方法
相对分子质量小于10000的胶原蛋白肽所占比例/%	≥	90.0	附录A
羟脯氨酸（以干基计）/（g/100g）	≥	3.0	GB/T 9695.23
总氮（以干基计）/（g/100g）	≥	15.0	GB 5009.5
灰分/（g/100g）	≤	7.0	GB 5009.4
水分/（g/100g）	≤	7.0	GB 5009.3 第一法

3.4 污染物限量

污染物限量应符合表3的规定。

表3 污染物限量

项目	限量	检验方法
铅（以Pb计）/（mg/kg）	1.0	GB 5009.12
镉（以Cd计）/（mg/kg）	0.1	GB 5009.15
总砷（以As计）/（mg/kg）	1.0	GB 5009.11
铬（以Cr计）/（mg/kg）	2.0	GB 5009.123
总汞（以Hg计）/（mg/kg）	0.1	GB 5009.17

3.5 微生物限量

微生物限量应符合表4的规定。

表4 微生物限量

项目	采样方案[a]及限量				检验方法
	n	*C*	*m*	*M*	
菌落总数/（CFU/g）	5	2	10^4	10^5	GB 4789.2
大肠菌群/（CFU/g）	5	2	10	10^2	GB 4789.3

[a]样品的采样及处理按GB 4789.1执行。

3.6 食品工业用加工助剂

食品工业用加工助剂的使用应符合GB 2760的规定。

附录 A

相对分子质量小于10000的胶原蛋白肽所占比例的检测方法（高效体积排阻色谱法）

A.1 方法提要

采用高效体积排阻色谱法测定。即以多孔性填料为固定相，依据样品组分分子体积大小的差别进行分离，在肽键的紫外吸收波长220nm条件下检测，使用相对分子质量分布测定的专用数据处理软件（即GPC软件），对标准品和样品的色谱图及其数据进行处理，根据相对分子质量校正曲线方程，计算得到胶原蛋白肽的相对分子质量大小及分布范围。

A.2 试剂

A.2.1 乙腈：色谱纯。

A.2.2 三氟乙酸：分析纯。

A.2.3 水：GB/T 6682规定的一级水。

A.2.4 相对分子质量校正曲线所用标准品：

a）细胞色素C（Cytochrome C，MW12384）；

b）抑肽酶（Aprotinin，MW6512）；

c）杆菌酶（Bacitracin，MW1423）；

d）乙氨酸-乙氨酸-酪氨酸-精氨酸（MW451）；

e）乙氨酸-乙氨酸-乙氨酸（MW189）。

A.3 仪器和设备

A.3.1 高效液相色谱仪：配有紫外检测器和含有GPC数据处理软件的色谱工作站。

A.3.2 流动相真空抽滤脱气装置。

A.3.3 超声波振荡器。

A.3.4 分析天平：感量0.0001g。

A.4　色谱条件与系统适应性实验

A.4.1　色谱柱：TSKgel G2000 SWXL 300mm × 7.8mm（GEL LOT502R）或性能与此相近的同类型其他适用于测定肽的分子质量分布的凝胶柱。

A.4.2　流动相：乙腈：水：三氟乙酸，体积比为40：60：0.05。

A.4.3　检测波长：220nm。

A.4.4　流速：0.5 mL/min。

A.4.5　柱温：30℃。

A.4.6　进样体积：10μL。

A.4.7　为使色谱系统符合检测要求，规定在上述色谱条件下，凝胶色谱柱的柱效即理论塔板数（N）按三肽标准品（乙氨酸-乙氨酸-乙氨酸）峰计算不低于5000，蛋白肽的分配系数（K_d）应在0～1之间。

A.5　相对分子质量校正曲线制作

分别用流动相配制成浓度为1.0g/L左右的上述不同相对分子质量的肽标准品溶液，用孔径为0.2～0.5μm聚四氟乙烯或尼龙过滤膜过滤后分别进样，得到系列标准品的色谱图。以相对分子质量的对数（lgMW）对保留时间作图或作线性回归得到相对分子质量校正曲线及其方程。

A.6　样品制备

用称量纸称取样品125.0mg左右，转移至25 mL容量瓶中，用流动相定容至刻度，超声振荡10min，使样品充分溶解混匀，用孔径为0.2～0.5μm聚四氟乙烯或尼龙过滤膜过滤，其滤液用于测定。

A.7　相对分子质量的计算

将A.6制备的样品溶液在A.4色谱条件下进样分析，然后使用GPC数据处理软件，根据相对分子质量校正曲线方程对样品的色谱图及其数据进行计算处理，即可得到样品中胶原蛋白肽的相对分子质量大小及分布范围。用峰面积归一化法计算相对分子质量小于10000的胶原蛋白肽的相对百分比之和。